普通高等教育"十三五"规划教材

本书第1版荣获中国石油和化学工业优秀出版物（教材奖）二等奖

风景园林
计算机辅助设计

第2版

谷永丽　高成广　等 编著

U0230953

化学工业出版社

·北京·

内容简介

　　《风景园林计算机辅助设计》（第2版）介绍了风景园林计算机辅助设计各阶段的常用软件，如平面图绘制常用的 AutoCAD 软件、三维建模常用的 Sketch Up 软件、效果图制作常用的 Photoshop 软件、动画制作与输出常用的 Lumion 软件、视频合成常用的 Premiere 软件，对各软件的概念、界面、常用工具、命令快捷键、绘图技巧、图形属性、输出或打印、数据转换等进行了详细讲解，并以一个工程实例贯穿始终，从设计草图、方案、建模、效果、动画制作，到视频合成等各环节，所需掌握的软件及技巧，进行深入浅出的介绍，便于读者学习和理解。

　　《风景园林计算机辅助设计》（第2版）可作为风景园林、环境艺术、景观设计、建筑设计、城乡规划等设计类专业的教材，也可作为设计人员学习软件的参考书。

图书在版编目（CIP）数据

风景园林计算机辅助设计/谷永丽等编著.—2版.—北京：
化学工业出版社，2020.8（2024.2重印）
　　普通高等教育"十三五"规划教材
　　ISBN 978-7-122-37614-5

　　Ⅰ.①风…　Ⅱ.①谷…　Ⅲ.①园林设计-计算机辅助
设计-应用软件-高等学校-教材　Ⅳ.①TU986.2-39

中国版本图书馆 CIP 数据核字（2020）第 159491 号

责任编辑：尤彩霞　　　　　　　　　　装帧设计：关　飞
责任校对：王佳伟

出版发行：化学工业出版社（北京市东城区青年湖南街 13 号　邮政编码 100011）
印　　装：中煤（北京）印务有限公司
787mm×1092mm　1/16　印张 14　字数 400 千字　　2024 年 2 月北京第 2 版第 6 次印刷

购书咨询：010-64518888　　　　　　　售后服务：010-64518899
网　　址：http://www.cip.com.cn
凡购买本书，如有缺损质量问题，本社销售中心负责调换。

定　　价：49.00 元

本书编者人员名单

丁晶龄（云南林业职业技术学院）

段晓迪（大理农林职业技术学院）

高成广（西南林业大学）

高宛莉（南阳师范学院）

谷永丽（云南艺术学院）

呼　苗（西南林业大学）

姜晓彤（西南林业大学）

李晨禹（西南林业大学）

刘青峰（黑龙江八一农垦大学）

刘昕岑（西南林业大学）

刘兴元（云南水利水电职业学院）

王春华（昆明学院）

王佳琪（云南工商学院）

吴达东（西南林业大学）

赵正涛（西南林业大学）

周　全（江苏联合职业技术学院）

前　　言

《风景园林计算机辅助设计》（第1版）自2010年出版以来，深受广大设计人员及高校师生的欢迎，累计印刷10次，发行2万多册，被20多所高校指定为教材，并荣获2012年"中国石油和化学工业出版优秀出版物（教材奖）二等奖"、2013年"云南省精品教材"。10年来，计算机软件技术的发展日新月异，传统软件不断更新完善，新的软件层出不穷，设计表现的手段越来越丰富。早期，用AutoCAD软件绘制平面图，从手工过渡到计算机，设计师告别沉重的图板、冗繁的绘图工作，可以说是划时代的进步；中期，用3ds MAX、Sketch Up、Photoshop等软件绘制三维效果图，设计表现又上了一个新台阶。

效果图的水平，一定程度上决定了方案能否通过，于是，催生了一个行业——效果图制作；现在，Lumion软件横空出世，动画、短视频、虚拟现实等即时渲染技术，能可视化、沉浸式地表现出一个方案的所有理念，是设计师一直追寻和渴求的表达方式。因此，本书第2版，在对原来三个软件版本更新的基础上，重点增加第四篇Lumion软件与动画制作及Premiere软件与视频合成，实现从草图、方案、效果、动画、视频等设计全程制作相关应用软件的介绍，以快速掌握最新设计技术，提高设计效率，实现设计表达的自由。

《风景园林计算机辅助设计》（第2版）由谷永丽（云南艺术学院）、高成广（西南林业大学）等编著，其中，高成广、谷永丽编写第一、三篇，高成广、谷永丽、高宛莉（南阳师范学院）、刘青峰（黑龙江八一农垦大学）编写第二篇，谷永丽编写第四篇，全书由谷永丽、高成广整理审校。另外，丁晶龄（云南林业职业技术学院）、段晓迪（大理农林职业技术学院）、呼苗（西南林业大学）、姜晓彤（西南林业大学）、李晨禹（西南林业大学）、刘昕岑（西南林业大学）、刘兴元（云南水利水电职业学院）、王春华（昆明学院）、王佳琪（云南工商学院）、吴达东（西南林业大学）、赵正涛（西南林业大学）、周全（江苏联合职业技术学院）等对本书进行了文字整理、校对和图片调整工作。在此，对本书第1、2版的参编人员，表示衷心的感谢。

编者

2020年7月

第1版前言

随着计算机的普及与计算机技术在各个行业的飞速发展，计算机辅助设计在园林规划设计制图中的地位和作用也日益显著，其方便、快捷、省时的优点逐渐为大众喜爱。各高等院校在园林、城市规划、环境艺术、景观设计、建筑设计、室内设计等设计类专业的教学中，都相应增加了计算机辅助设计类课程，这为培养学生掌握最新的计算机技术及制图能力打下了良好的基础。

计算机辅助设计为园林、环境艺术、景观设计等相关专业的核心课程，主要内容包括三个部分：AutoCAD 软件与平面图绘制、Sketch Up 软件与三维建模、Photoshop 软件与效果图制作。根据园林制图的内容、类型和目的的不同，选用不同的软件，具有很强的针对性。同时，本教材还具有如下特色。

具有实用性：根据实际应用，有针对性地讲解计算机软件，如平面图（方案、设计、施工图）绘制讲解 AutoCAD 软件，三维模型制作讲解 Sketch Up 软件，效果图（平面效果、立面效果、透视图、夜景效果图）设计讲解 Photoshop 软件。读者通过学习本书，可以在短时间内掌握各类计算机辅助设计制图的能力。

具有针对性：编者结合多年的计算机辅助设计实践和教学经验，有针对性地重点讲解常用命令，对一些深奥难懂且应用较少的命令仅作介绍。结合具体实例对常用命令的功能、命令选项、操作技巧进行深入讲解，做到理论联系实际，易于理解和融会贯通。

新颖性：选用目前最新的软件版本，并注重各软件之间的数据转换及联合应用。

可操作性：以案例为主进行相关软件命令的讲解，内容设置符合设计制图的过程和要求，案例丰富，技巧实用，在实践中有很强的可操作性。

本书由高成广（西南林业大学）主编，谷永丽（云南艺术学院）、魏开云（西南林业大学）、刘扬（西南林业大学）为副主编。其中，高成广、谷永丽编写了本书的第一篇，高成广、魏开云编写了本书的第二篇，高成广、刘扬编写了本书的第三篇。全书由高成广整理审校。另外，参与本书文字整理和案例设计的人员还有陈楚文（浙江农林大学）、方振军（浙江理工大学）、宋钰红（西南林业大学）、卢显伟（湖南农业大学）、区智（西南林业大学）、李森（湖南农业大学）、沈丹（西南林业大学）、胡文娟（西南林业大学）、刘敏（云南师范大学文理学院）、苏荣华（西南林业大学）、宋鼎（西南林业大学）、樊智丰（西南林业大学）、岳磊（西南林业大学）、吕娟（西南林业大学）、刘伟（西南林业大学）等。

由于作者水平有限，书中难免有疏漏之处，敬请读者批评指正。

编者

2010 年 5 月

目　录

第一篇　AutoCAD 软件与平面图绘制

第二篇 Sketch Up 软件与三维建模

第三篇 Photoshop 软件与效果图制作

第四篇 Lumion 软件与动画制作及 Premiere 软件与视频合成

第一篇　AutoCAD 软件与平面图绘制

1　AutoCAD 概述

1.1　AutoCAD 简介

AutoCAD 是美国 Autodesk 公司推出的通用计算机辅助绘图和设计软件包，它具有价格合理、易于掌握、使用方便、体系结构开放等优点，广泛应用于风景园林设计、建筑设计、城市规划、机械设计、土木工程等各类工程领域，深受设计人员的欢迎。1982 年 12 月，Autodesk 公司推出 AutoCAD 1.0，到目前的 AutoCAD 2020，已进行了十多次升级。本书以 AutoCAD 2020 版本为主进行讲解。

1.2　用户界面及基本概念

AutoCAD 的操作界面是 AutoCAD 显示、编辑图形的区域，包括菜单浏览器、快速访问工具栏、标题栏、浮动工具栏、绘图区域、十字光标、坐标系、命令行及文本窗口、状态栏等（图 1-1）。

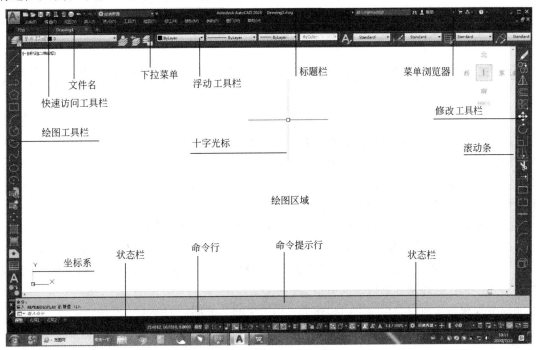

图 1-1

（1）标题栏　显示当前正在运行的程序名和文件名，双击标题栏可使程序窗口最大化或最小化。单击标题栏末尾的最大、最小化图标，可最大、最小化显示文件；单击关闭图标可关闭程序，关闭程序前，程序提示是否保存现有文件。

（2）下拉菜单　利用下拉菜单可执行 AutoCAD 的大部分命令，下拉菜单有如下的特点：

① 右面有小三角图标的菜单项，表示还有子菜单；

② 选择右面有省略号的菜单项，点击将显示一个对话框；

③ 选择右面没有内容的菜单项，即表示执行相应的 AutoCAD 命令。

（3）浮动工具栏　在 AutoCAD 中，利用浮动工具栏中的命令可以方便实现各种操作，用户可以根据需要打开或关闭某一工具栏。在工具栏上点击右键则可弹出所有工具栏列表，勾选工具栏可以打开。默认开启的工具栏有标准工具栏、样式工具栏、图层工具栏、对象特性工具栏、绘图工具栏和修改工具栏。

（4）快速访问工具栏　快速访问工具栏位于标题栏左上角，在默认状态下，快速访问工具栏由 6 个快捷按钮组成：新建、打开、保存、打印、放弃、重做。可以通过相应的操作在快速访问工具栏中增加或删除按钮。右击快速访问工具栏，在弹出的快捷菜单中选择"自定义快速访问工具栏"命令，或在"自定义用户界面"对话框中进行设置。

（5）绘图区域和十字光标　绘图区域是用户在 AutoCAD 中进行工作（如作图、输入文本、尺寸标注等）的区域，绘图区域的背景颜色可根据习惯进行调整，单击下拉菜单"工具"/"选项"，在弹出的"选项"对话中，选择"显示"选项，可以对窗口元素、布局元素、显示精度、显示性能、十字光标大小等进行设置。

（6）状态栏、命令提示窗口　状态栏主要用于显示 AutoCAD 当前的状态，包括：坐标值、辅助绘图工具、快捷特性、视图工具、注释工具、工作空间、图形设置、锁定按钮、全屏显示等（图 1-2）。

图 1-2

命令提示窗口包括命令行、命令提示行和文本窗口。命令行是键盘输入命令的区域；命令提示行是输入命令以后程序的操作提示，用户可根据提示的信息，确定下一步的操作步骤；文本窗口是记录 AutoCAD 命令输入及反馈过程的窗口，可通过 F2 键进行切换，或点击下拉菜单"视图"/"显示"/"文本窗口"打开。

文本窗口可显示相关数据和信息，如进行面积查询、线段长度查询、图形属性列表等。

（7）坐标系图标、模型和布局选项卡、滚动条　坐标系图标用于显示当前坐标系。AutoCAD 的坐标系有世界坐标系和用户坐标系，缺省坐标为世界坐标系。一旦重新设置或调整了坐标系，世界坐标系即变成用户坐标系。

模型和布局选项卡是模型空间和布局（图纸空间）之间的切换。

滚动条是位于绘图区域的右边和右下角的滚动滑标，利用滑标可以上下左右移动窗口，便于察看。

1.3 AutoCAD 的工作空间

AutoCAD 启动后，进入用户界面，点击下拉菜单"工具"/"工作空间"，或直接单击状态栏上的⚙按钮（切换工作空间），在弹出的子菜单栏中选择相应的空间：AutoCAD 经典空间、二维草图与注释空间、三维基础空间、三维建模空间。

① 二维草图与注释空间　与 AutoCAD 经典空间相比，在默认状态下的二维草图与注释空间界面，没有"工具栏"选项板，而多了一个"功能区"选项板，利用它可以直接绘制二维图形。

② 三维基础空间　三维基础空间以三维建模为主，浮动显示选项卡包括："默认""可视化""插入""视图""管理""输出""附加模块""协作""精选应用"等。"默认"选项卡包括实体创建、编辑、三维绘图等命令，便于学习和应用三维建模。

③ 三维建模空间　三维建模空间的界面和二维草图与注释空间相似。其"功能区"选项板中集成了"三维建模""视觉样式""光源""材质""渲染""导航"等面板，为绘制和观察三维图形、附加材质、创建动画、设置光源等操作提供了便利的环境。

1.4 AutoCAD 的特色

目前，常用制图软件有 AutoCAD、Photoshop、Sketch Up、3dsMAX、CorelDraw、Adobe Illustrator 等，在这些软件中，AutoCAD 以其精确的数字输入、完善的绘图工具、强大的编辑能力、便捷的信息查询等功能深受设计人员的欢迎。在设计中，一般用 AutoCAD 制作方案草图、设计图、施工图，用 Sketch Up、3dsMAX 建三维模型图，用 Photoshop、CorelDraw、Adobe Illustrator 等软件制作平面、立面、透视效果图，但后期的三维建模、效果图制作必须以 AutoCAD 的底图为基础，因此，AutoCAD 在绘图软件中具有基础性的作用。

2 AutoCAD 基本作图命令

2.1 AutoCAD 作图基本知识

2.1.1 坐标系统

坐标系用于确定一个对象在电脑屏幕上的方位。在 AutoCAD 中，坐标系属于三维笛卡尔坐标系或直角坐标系，默认情况下，X 轴水平放置，向右为正；Y 轴垂直放置，向上为正；Z 轴垂直于绘图平面，指向屏幕为正方向。使用这个标准系统，可以根据点相对于原点（0，0，0）的距离、方向确定三维空间中该点的准确位置。

2.1.2 世界坐标系和用户坐标系

AutoCAD 的缺省坐标系称为世界坐标系（WCS），坐标系原点处有"□"标识，一旦进行更改，如用 UCS 命令重新定义 X、Y、Z 的方向或移动过原点，世界坐标系变为用户坐标系（UCS），坐标系原点处变为"＋"标识。用户坐标在作图中具有很大的灵活性，如可重新定义坐标原点与已知坐标点重合，达到查询其他坐标的目的。在施工图中，施工坐标的确定即通过 UCS 命令进行设置。

2.1.3 坐标输入方式

在 AutoCAD 中，坐标的输入方式有 3 种：绝对坐标、相对坐标和直接距离输入。

（1）绝对坐标 绝对坐标分为绝对直角坐标和绝对极坐标，绝对直角坐标通常从原点（0，0，0）开始，绘图区域中的所有点都必须以原点为参照进行输入，如果相对于原点的位移是正的，数值前不必加"＋"，若位移方向是负的，则在数值前加"－"，如坐标点（－1，3，－6）。

绝对极坐标也是把二维坐标输入作为相对原点或（0，0）的位移，但把位移定为距离和角度。距离和角度之间用角度符号（＜）分隔，不留空格，表示为：距离＜角度，如 200＜45。

用绝对坐标作如图 2-1 所示的图形。

命令：L	（输入画线命令）
LINE 指定第一点：200，200	（确定第一点）
指定下一点或［放弃（U）］：500，200	（确定第二点）
指定下一点或［放弃（U）］：500，100	（确定第三点）
指定下一点或［闭合（C）/放弃（U）］：300，100	（确定第四点）
指定下一点或［闭合（C）/放弃（U）］：C	（输入 C 命令使图形闭合）

从作图过程可以看出，应用绝对坐标作图具有一定的局限性，确定了图形的第一点后，其他的点相对于原点输入数值显得麻烦和不直观，甚至影响到精度。因此，设计绘图中，一般不用绝对坐标输入点或图形，而常用相对坐标或直接距离输入。

（2）相对坐标 相对坐标不再参照原点而由上一个点决定，以这种方式输入的坐标即为相对坐标。如果知道某点与前一点的位置关系，可以使用相对 X、Y 坐标。在 AutoCAD 中，直角坐标和极坐标都可以指定相对坐标，其表示方法是在绝对坐标前加"@"号，如@200，500 或@300＜45。

在 AutoCAD 命令行中输入以下画线命令及坐标：

命令：L   （输入画线命令）
LINE 指定第一点：200，200   （确定第一点，用绝对坐标）
指定下一点或 [放弃 (U)]：@300，0   （确定第二点，用相对坐标）
指定下一点或 [放弃 (U)]：@0，－100   （确定第三点，用相对坐标）
指定下一点或 [闭合 (C)/放弃 (U)]：@－200，0   （确定第四点，用相对坐标）
指定下一点或 [闭合 (C)/放弃 (U)]：C   （输入 C 命令使图形闭合）

结果与图 2-1 所示的图形一致，但应用绝对坐标输入第一点后，其他的点都相对于上一个点进行坐标输入，操作简单方便。

（3）直接距离输入　在 AutoCAD 中，通过移动光标确定一个方向后，直接输入距离确定下一个点，便是直接距离输入。特别是用直线进行绘图时，直接距离输入显得方便和快捷，如图 2-2，在正交（F8）打开的情况下进行如下操作：

命令：L   （输入画线命令）
LINE 指定第一点：   （在画图区域随便确定一点作为起点）
指定下一点或 [放弃 (U)]：300   （确定方向后直接输入距离）
指定下一点或 [放弃 (U)]：150   （确定方向后直接输入距离）
指定下一点或 [闭合 (C)/放弃 (U)]：300   （确定方向后直接输入距离）
指定下一点或 [闭合 (C)/放弃 (U)]：420   （确定方向后直接输入距离）
指定下一点或 [闭合 (C)/放弃 (U)]：600   （确定方向后直接输入距离）
指定下一点或 [闭合 (C)/放弃 (U)]：C   （输入 C 命令使图形闭合）

直接距离输入不论正交是否打开都可使用，实质是一种更直接更简单的相对坐标输入方式，在绘图中较为常用。

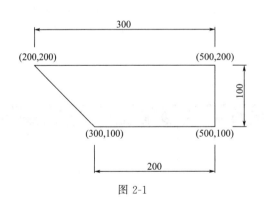

图 2-1

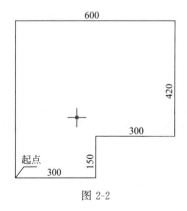

图 2-2

2.2　AutoCAD 命令输入

在 AutoCAD 中，可以有以下 4 种方法进行命令的输入。

（1）下拉菜单　利用 AutoCAD 提供的下拉菜单完成大部分绘图功能，但每次都要进行点击，有时要点击多次才能完成一个命令，速度相对较慢，只有该命令在工具栏中没有或没有快捷键时才到下拉菜单中去寻找。

（2）工具栏　直接点击 AutoCAD 中命令工具栏上的图标，可以完成主要绘图功能。

（3）输入命令　在命令行中输入完整的绘图命令后按回车键，根据命令提示行的提示完成绘图操作。

（4）快捷命令　命令行中输入绘图命令的快捷键（如"Line"用"L"）。在电脑绘图中，为提高画图速度和效率，应尽量使用快捷键，并习惯用左手输入命令，右手用鼠标确定命令、点取位置等操作流程。

以上 4 种输入方法中，以快捷命令输入最为常用和快捷，因此在画图中应逐渐熟悉快捷命令。快捷命令的查询，可点击下拉菜单"工具"/"自定义"/"编辑程序参数"，在弹出的"cad 记事本"中找到相应命令及其快捷命令。

2.3　AutoCAD 点的确定

绘图时经常要确定一些点，如线段的起点、圆的圆心、圆弧的圆心等。在 AutoCAD 中，一般可采用如下 4 种方式确定一个点。

（1）鼠标　移动鼠标将光标移到所需位置，然后单击鼠标左键确定点的位置。

（2）捕捉　利用 AutoCAD 的目标捕捉功能，可方便地捕捉到一些特殊的点，如端点、中点、圆心、切点、垂足点等。

（3）坐标　可以用绝对坐标输入方式，也可以用相对坐标输入方式确定一个点的坐标。

（4）直接距离　输入一个点后，通过鼠标将光标移到希望输入下一个点的方向上，然后输入一个距离值，即可得到下一个点的坐标。

2.4　AutoCAD 基本图形绘制

AutoCAD 的基本图形是绘图设计中最常用的图形元素，如点、线、圆、圆弧、多边形、椭圆等，它们是组成简单以及复杂图形的基本元素。熟练掌握这些基本图形元素的绘制，对提高绘图速度将有很大的帮助。图 2-3 为画图工具栏中的一些基本绘图命令。

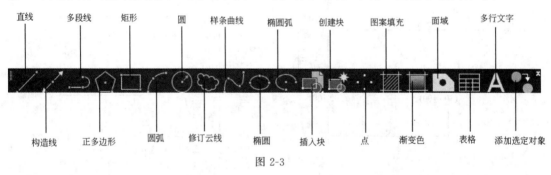

图 2-3

2.4.1　直线

在 AutoCAD 图形中，最普通、常见图形元素便是直线了，只要输入直线的两个点，便可确定一条直线。

（1）功能　用于绘制二维或三维直线段。

（2）激活

下拉菜单："绘图"/"直线"

工具栏：鼠标单击工具栏上的 ✐ 图标

命令行：L（Line）

（3）命令选项　用鼠标单击工具栏上的 ✐ 图标或在命令行输入 L 后回车，命令提示行出现如下信息：

命令：L　　　　　　　　　　　　　　（用快捷键输入命令）

命令：_ line 指定第一点：　　　　　　（输入线的起点）

指定下一点或［放弃（U）］：　　　　（输入线的下一个点或键入 U 取消所画的最后一条线段）

指定下一点或［闭合（C）/放弃（U）］：（输入线的下一个点或键入 C 键来闭合这些线段或键入 U 取消所画的最后一条线段）

（4）实例　用鼠标单击工具栏上的 ✐ 图标或在命令行中输入 L 键后回车，用鼠标在绘图区域内随意点一个点（A 点），在正交打开的情况下向右移动鼠标输入 400，然后向上移动鼠标输入 400，结束后向左移动鼠标输入 400，最后按 C 键闭合图形，得到 400×400 的石凳平面图，同理可得如图 2-4 所示的石桌石凳平面图（注：本书中没有特殊说明的，"输入 400""输入 C"，表示"输入 400 后按回车键"和"输入 C 命令后按回车键"的意思）。

（5）操作技巧

① 在画线命令结束后，若接着再按回车键（或鼠标右键）将重复画线命令，按第二次回车键时，线段的起点接着上一次线段的终点开始画线。该操作方式在下拉菜单"工具"/"选项"/"用户系统配置"/"自定义右键单击"中设置。

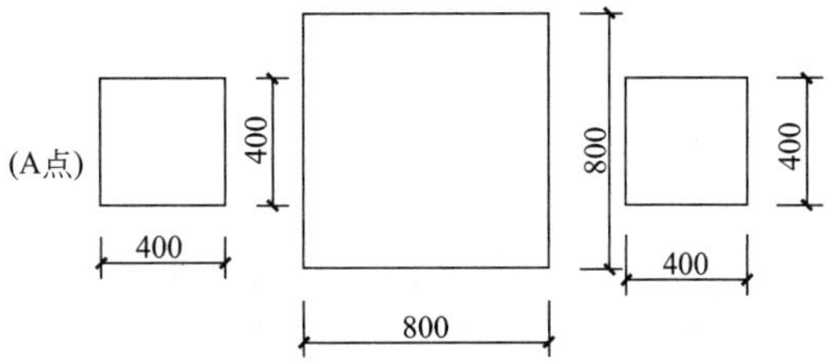

图 2-4

② 在画线过程中若想取消命令，按"Esc"键可随时结束或退出命令。

③ 尽量使用快捷键"L"和直接距离输入，努力提高画图的速度。

④ 在画图过程中应时刻不忘使用"Ctrl＋S"键进行存盘。

2.4.2　双向构造线

（1）功能　绘制在两个方向上无限延长的二维或三维双向构造线，可用作辅助线、修剪边界线。指定两个点可确定构造线的位置和方向。

（2）激活

下拉菜单："绘图"/"构造线"

工具栏：鼠标单击工具栏上的 ✐ 图标

命令行：XL（XLine）

（3）命令选项　用鼠标单击工具栏上的 ✐ 图标或在命令行上输入 XL 快捷键后，命令提示行有如下提示：

命令：XL　　　　　　　　　　　　　（输入 XL 快捷键）

命令：_ xline 指定点或［水平(H)/垂直(V)/角度(A)/二等分(B)/偏移(O)］

其命令选项的含义如下：

① _ xline 指定点　通过第一个点绘出无数的构造线。输入空格键或按回车键可结束命令，如图 2-5。

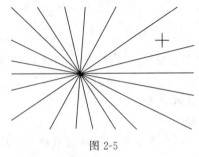

图 2-5

② 水平（H）　绘制通过指定点的水平构造线。若在绘图区域内输入一点，则确定了一条通过此点的平行构造线，若再输入一点，则又绘制了一条通过此点的平行构造线，由此可绘出无数的平行构造线。结束时输入空格键或回车可结束命令，如图 2-6 所示。

③ 垂直（V）　绘制通过指定点的垂直构造线，方法与绘制水平构造线相同，如图 2-7 所示。

④ 角度（A）　绘制与 X 轴正方向成指定角度的构造线，在绘图区域输入一点，则可有水平的构造线或成 45°角的构造线被确定，连续输入点则有更多的构造线被确定，如图 2-8 所示。

⑤ 二等分（B）　绘制平分已知角的构造线，点击指定角的顶点、起点、端点，即可绘出一条平分已知角的构造线，如图 2-9 所示。

⑥ 偏移（O）　绘制与指定线平行的构造线，输入偏移的距离，指定方向后，将所选已知线进行偏移，指定线可以是构造线也可以是任意直线，但偏移后的线却一定是平行于已知线的构造线，如图 2-10。

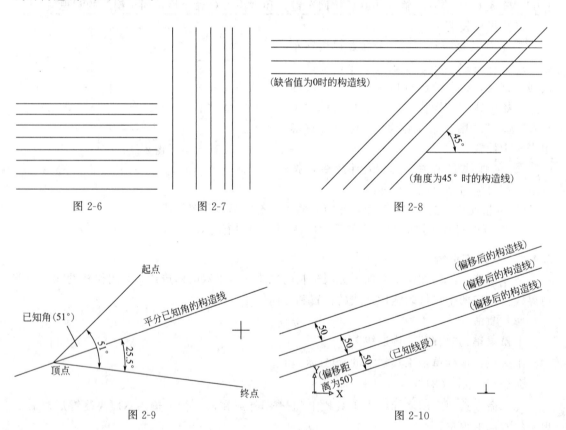

图 2-6　　　图 2-7　　　　　　　图 2-8

图 2-9　　　　　　　　　　图 2-10

（4）操作技巧

① 双向构造线在设计绘图中主要用作辅助线，如在平、立、剖图的制作中作为参考辅助线，利用这些辅助线可以方便地完成所制作的图形。

② 在建筑设计中，一般用构造线作为轴线。

③ 在施工图的网格放样图中可以用作网格线。

④ 构造线在制图中一般单独放在一个图层上，不用时将其关闭、冻结或使其非打印。

2.4.3 多线

（1）功能　多线是指多条相互平行的直线，可以定义其线型、线宽、线的数量、背景填充等，在设计中可以快速方便地绘制墙体。系统默认的多线样式为"STANDARD"样式，它由两条直线组成。绘制多线时可根据不同需要对样式进行专门设置。

（2）激活

下拉菜单："绘图"/"多线"

命令行：ML（Mline）

（3）命令选项　选择下拉菜单"绘图"/"多线"，或在命令行中输入 ML 命令，命令提示行有如下信息。

当前设置：对正＝上，比例＝20.00，样式＝STANDARD 指定起点或［对正（J）/比例（S）/样式（ST）］

执行 ML 命令后，第一行出现的内容表示当前复合线的相关属性，第二行表示如果默认当前属性则可确定复合线的起始点，或者设定复合线相关属性，下面对相关属性略作介绍。

① 对正（J）　该属性确定绘制复合线的方式。在命令行中输入 J，系统提示有"上（T）""无（Z）""下（B）"三种对正类型。上（T），绘制的复合线以最顶端的线为基准线；无（Z），绘制的复合线以线中间为基准线；下（B），绘制的复合线以最底端的线为基准线，如图 2-11 所示。图中小方块为线上的控制点（夹点），夹点随光标移动。

② 比例（S）　该属性为控制所绘复合线的比例系数，缺省值为 20.00，输入 S 命令后，AutoCAD 命令行提示输入新的比例系数，输入的比例系数可以形象地理解为复合线的整体宽度，如墙体一般宽为 120、240 或 360，则比例系数可相应地用 120、240 或 360。

③ 样式（ST）　该属性用来控制复合线的线型，缺省线型式样为"STANDARD"。具体形式可以通过下拉菜单"格式"/"多线样式"进行设置，如图 2-12 为一些设置好的多线形式。

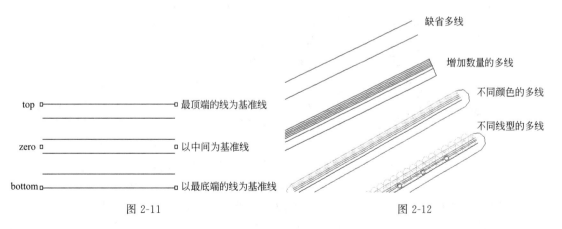

图 2-11　　　　　　　　　　　　　　　图 2-12

2.4.4 多段线

（1）功能　多段线由相连的直线段或弧线组成，作为单一对象使用。多段线具有比一般线段或圆弧更多的功能，如可以分别编辑每条线段、设置各线段的宽度、使线段的始末端点具有不同的线宽等。绘制多段线时，弧线的起点是前一个线段的端点，可以指定弧的角度、圆心、方向或半径。还可以通过指定圆弧的第二点和一个终点完成多段线圆弧的绘制。

（2）激活

下拉菜单："绘图"/"多段线"

工具栏：用鼠标单击工具栏上的↪图标

命令行：PL（Pline）

（3）命令选项　用鼠标单击工具栏上的↪图标或在命令行中输入"PL"命令，命令行提示如下信息：

命令：PL　　　　　　　　　　　　　　（输入多段线的快捷键PL）

指定起点：　　　　　　　　　　　　　（确定多段线的起始点）

当前线宽为 0.0000：　　　　　　　　（当前的线宽为0）

指定下一点或［圆弧（A）/闭合（C）/半宽（H）/长度（L）/放弃（U）/宽度（W）］：

　　　　　　　　（确定多段线的第二点或输入其他的选项的首写字母）

其命令选项的含义如下：

① 圆弧　在命令行中输入A，多段线将切换为画圆弧。可设置圆弧的角度（A）、圆心（CE）、方向（D）、半宽（H）、直线（L）、半径（R）、第二个点（S）、放弃（U）、宽度（W）等。

② 闭合（C）　用于封闭多段线（用直线或圆弧）并结束 PLINE 命令。

③ 半宽（H）　设定多段线起点、终点的半宽。

④ 长度（L）　用于设定多段线的长度，如果前一段是直线，延长方向与该线相同，如前一段是弧，延长方向为端点处弧的切线方向。

⑤ 放弃（U）　用于取消刚画的一段多段线，可顺序回溯。

⑥ 宽度（W）　设置多段线起点、终点的全宽。

（4）实例　在命令行中输入 PL 命令，确定起点后设置多段线的宽度，在绘图区域随意画出水池驳岸、汀步、自然置石及表示水的短画线。如图 2-13 所示，图中线宽为 2、1、0 三种。

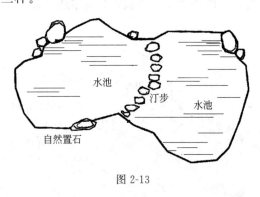

图 2-13

（5）操作技巧

① 多段线变化丰富多样，可直可弯、可宽可窄，在设计中具有较强的表现力。

② 由于多段线中各线段间相连，是一个统一的整体，易于编辑。利用复制、偏移、移动等命令对多段线进行操作时，具有快速、精确、容易控制等特点。

③ 可利用多段线设计等高线。在已知等高点后，用多段线连接，进行编辑拟合（PE 编辑），可得到光滑的等高线。

④ 用多段线来表现轮廓线、驳岸线、剖面线、景石等线宽变化较大的线。

⑤ 创建多段线之后，可用 PE（PEDIT）命令进行编辑或使用 X（EXPLODE）命令将其分解成单独的直线段和弧线段。分解多段线后，线宽恢复为 0，分解后的线段将根据先前的宽及多段线的中心重新定位。

2.4.5　正多边形

（1）功能　正多边形可以是从 3～1024 条等边封闭的多线段组成。正多边形通过与假想的圆内接或外切的方法进行绘制，或通过指定正多边形某一边的长进行绘制。由于正多边形都是等边的，因此是绘制正方形和等边三角形的简便方法。

（2）激活

下拉菜单："绘图"/"正多边形"

工具栏：用鼠标单击工具栏中的⬡图标

命令行：POL（Polygon）

（3）命令选项　用鼠标单击工具栏中的⬡图标或在命令行中输入"pol"命令，命令提示行有如下信息：

命令：pol　　　　　　　　　　　（输入正多边形快捷键）

＿polygon 输入边的数目＜4＞：　（输入多边形的边数）

指定正多边形的中心点或［边（E）］：（确定多边形的中心或以两点方式定边长确定多边形）

输入选项［内接于圆（I）/外切于圆（C）］＜I＞：

输入一个选项：内接圆方式（I）或外切圆方式（C），缺省为（I）

指定圆的半径：　　　　　　　　　（确定圆的半径）

（4）实例　应用多边形命令中作图的3种方法分别作正六角亭、正八角亭、正五角亭的平面图，如图2-14所示。

实例1：应用多边形中的内接圆确定多边形作边长为2400的正六角亭平面图。

命令：POL

＿polygon 输入边的数目＜4＞：6

指定正多边形的中心点或［边（E）］：5000，5000

输入选项［内接于圆（I）/外切于圆（C）］＜I＞：　　（回车确定为默认值）

指定圆的半径：2400

结果见图2-14中的图（1）。

实例2：应用多边形中的用一条边长确定一边长为2400的正八角亭平面图。

命令：POL

＿polygon 输入边的数目＜4＞：8

指定正多边形的中心点或［边（E）］：E

指定边的第一个端点：12000，3000

指定边的第二个端点：14400，3000

结果见图2-14中的图（2）。

实例3：应用多边形中的外切圆确定多边形作一垂线长为2400的正五角亭平面图。

命令：POL

＿polygon 输入边的数目＜8＞：5

指定正多边形的中心点或［边（E）］：20000，5000

输入选项［内接于圆（I）/外切于圆（C）］＜I＞：C

指定圆的半径：2400

结果见图2-14中的图（3）。

（5）操作技巧

① 利用正多边形可快速画出正三角形、五边形、六边形等常用的多边形，在绘图中为提高画图速度，应以最少的命令输入达到快速画出图形的目的。

② 可以用 X（EXPLODE）命令将多边形炸开成为相等的线条。

③ 正多边形除边长相等外，还具有多段线的特性，因此可用 PE（PEDIT）命令进行编辑，如加宽、倒圆角或倒角等。

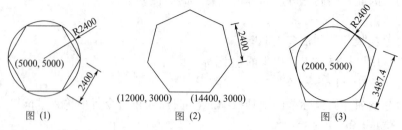

图 (1)　　　　　　　　　图 (2)　　　　　　　　　图 (3)

（用内接圆确定正六角亭平面）　（用一边长确定正八角亭平面）　（用外切圆半径确定正五角亭平面）

图 2-14

2.4.6　矩形

（1）功能　在 AutoCAD 中，矩形是组成图形的基本元素。

（2）激活

下拉菜单："绘图"/"矩形"

工具栏：鼠标单击工具栏上的 ▢ 图标

命令行：REC(RECTANGLE)

（3）命令选项　用鼠标单击工具栏上的 ▢ 图标或在命令行中输入 REC 命令，命令提示行有如下信息提示：

命令：REC　　　　　　　　　　　　　　　　　　　　（输入矩形快捷键）

指定第一个角点或［倒角（C）/标高（E）/圆角（F）/厚度（T）/宽度（W）］：

（确定矩形的第一个角点和输入矩形的相关选项）

指定另一个角点或［面积（A）/尺寸（D）/旋转（R）］：（确定矩形的另一个角点）

相关选项的含义如下：

① 倒角（C）　倒角连接两个矩形边，使它们以平角或倒角相接。

② 标高（E）　指在三维空间中，矩形所在位置的高度。

③ 圆角（F）　倒圆角连接两个矩形边，使它们以圆角相接。

④ 厚度（T）　指在三维空间中，矩形的厚度。

⑤ 宽度（W）　指在二维平面上，矩形的线宽。

（4）实例

实例1：用矩形（REC）命令作石桌石凳的平面图，如图 2-15 所示。

命令：REC　　　　　　　　　　　　　　（输入矩形快捷键）

指定第一个角点或［倒角(C)/标高(E)/圆角(F)/厚度(T)/宽度(W)］：300,600

（用绝对坐标确定石凳第一角点）

指定另一个角点或［面积(A)/尺寸(D)/旋转(R)］：@400,400

（用相对坐标确定石凳另一角点）

命令：　　　　　　　　　　　　　　　　（按回车键重复矩形命令）

指定第一个角点或［倒角(C)/标高(E)/圆角(F)/厚度(T)/宽度(W)］：950,400

（用绝对坐标确定石桌第一角点）

指定另一个角点或［面积(A)/尺寸(D)/旋转(R)］：@800,800

（用相对坐标确定石桌另一角点）

命令：　　　　　　　　　　　　　　　　（按回车键重复矩形命令）

指定第一个角点或［倒角(C)/标高(E)/圆角(F)/厚度(T)/宽度(W)］：2000,600

（用绝对坐标确定石凳第一角点）

指定第一个角点或[倒角(C)/标高(E)/圆角(F)/厚度(T)/宽度(W)]:@400,400

（用相对坐标确定石凳另一角点）

用矩形（REC）命令来画，知道一个角点后，应用相对坐标输入另一个角点即可确定石桌石凳平面图，命令输入少，画图速度快。

实例2：用矩形（REC）命令画古建园林窗，如图2-16所示。

命令：REC

指定第一个角点或[倒角(C)/标高(E)/圆角(F)/厚度(T)/宽度(W)]:C

指定矩形的第一个倒角距离<100.0000>:100　　（第一倒角距离）

指定矩形的第二个倒角距离<100.0000>:　　（与第一倒角距离一致,直接回车）

指定第一个角点或[倒角(C)/标高(E)/圆角(F)/厚度(T)/宽度(W)]:300,600

（窗外沿的第一角点绝对坐标）

指定另一个角点或[面积(A)/尺寸(D)/旋转(R)]:@1500,1000

（用相对坐标确定窗外沿的另一角点）

命令：　　　　　　　　　　　　　　　（直接回车重复上次命令）

当前矩形模式：　倒角=100.0000x100.0000　　（默认上次设定）

指定第一个角点或[倒角(C)/标高(E)/圆角(F)/厚度(T)/宽度(W)]:330,630

（窗内沿的第一角点绝对坐标）

指定另一个角点或[面积(A)/尺寸(D)/旋转(R)]:@1440,940

（用相对坐标确定窗内沿的另一角点）

命令结束后得窗子轮廓图，然后应用多段线画出景石和植物的配景图，如图2-16所示。

在该实例中，窗子内沿如果用偏移编辑命令，对外沿进行向内偏移30而得到，还可免去确定两个绝对坐标的麻烦。当然，在该实例中还可用矩形倒圆角的命令画圆角的古建园林窗。

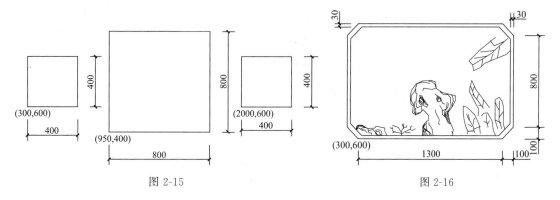

图2-15　　　　　　　　　　　　　　　　　　图2-16

2.4.7　圆弧

（1）功能　绘制给定参数的圆弧，画随意性强的圆弧线。

（2）激活

下拉菜单："绘图"/"圆弧"

工具栏：用鼠标单击工具栏上的 图标

命令行：A(Arc)

（3）命令选项　用鼠标单击工具栏上的 图标或在命令行中输入"A"命令，命令提示行有如下信息提示：

命令：A

_arc 指定圆弧的起点或[圆心(C)]:　　　　　　　（确定弧的起点或中心点）

指定圆弧的第二个点或[圆心(C)/端点(E)]:　　　（确定弧的第二点或中心点或终点）

指定圆弧的端点:　　　　　　　　　　　　　　（确定弧的终点）

绘制圆弧的方法较多，达 11 种，如图 2-17 所示，包括使用三点作圆弧，使用起点、圆心和终点作圆弧，使用起点、圆心和包含的角度作圆弧，使用起点、圆心和弦长作圆弧，使用起点、终点和包含的角度作圆弧，使用起点、终点和起点方向作圆弧，使用起点、终点和半径作圆弧，使用圆心、起点和终点作圆弧，使用圆心、起点和包含的角度作圆弧，使用圆心、起点和弦长作圆弧，作与最后画的直线或圆弧相切的圆弧。

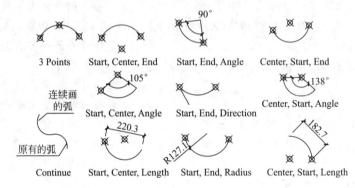

图 2-17

（4）实例　运用各种画圆弧的方法绘制园林灌木丛图例，如图 2-18 所示。

图 2-18

（5）操作技巧

① 在绘制圆弧的多种方法中，缺省的方法是指定三点（起点、圆弧上一点和端点）。还可以指定圆弧的角度、半径、方向和弦长，圆弧的弦是两个端点之间的弧线段。此外，圆弧还有顺时针和逆时针的特性，缺省情况下，AutoCAD 将按逆时针方向绘制圆弧。

② 画圆弧的命令相对较多，因此，如何灵活应用这些命令画出需要的图形，只有经过大量的实践训练后才能达到。在设计中，可以先用铅笔在纸上画出草图，在电脑上用圆弧画时才有的放矢。

③ 在用"圆弧"命令画圆弧时，结束一个圆弧，若直接按回车键则可连续画圆弧，但弧方向相反。

2.4.8　圆

（1）功能　在指定的位置画圆。圆是绘图的基本元素，用到的机会非常频繁，通常可以指定圆心坐标点、半径来画圆，或指定圆上的点来绘图。

（2）激活　下拉菜单："绘图"/"圆"

工具栏：用鼠标单击工具栏上的 ⊙ 图标

命令行：C(Circle)

（3）命令选项　用鼠标单击工具栏上的 ⊙ 图标或在命令行输入 C 命令，命令提示行有如下信息提示。

命令:c

circle 指定圆的圆心或[三点(3P)/两点(2P)/切点、切点、半径(T)]:

（确定圆的中心或用3点、2点或切线、切线、半径画圆）

指定圆的半径或[直径(D)]:　　　（确定圆的半径或直径）

画圆的方法如图2-19所示。操作过程以切线、切线、半径作圆为例介绍如下:

命令:c　　　　　　　　　　　（在命令行中输入圆的快捷键C）

circle 指定圆的圆心或[三点(3P)/两点(2P)/切点、切点、半径(T)]:T

（在确定圆的中心或画圆选项中输入T）

指定对象与圆的第一个切点:　　（指定已知对象上的点作为圆的第一个切点）

指定对象与圆的第二个切点:　　（指定已知对象上的点作为圆的第二个切点）

指定圆的半径<198.2966>:25　（确定圆的半径为25）

（4）实例　运用圆、直线、圆弧的命令画园林图例，如图2-20所示。

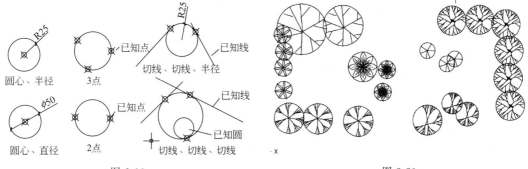

图2-19　　　　　　　　　　　　　　　　　　图2-20

（5）操作技巧

① 画圆命令结束后，若再按回车键（鼠标右键）可重复画圆，圆的大小在未输入新值时直接按回车可默认上次圆的大小。

② 用圆中心、半径画圆，确定圆心后若直接回车，圆半径默认为上次圆的半径。

2.4.9　样条曲线

（1）功能　样条曲线是经过一系列给定点的光滑曲线。AutoCAD使用的是一种称为非均匀有理样条曲线（NURBS）的特殊曲线，NURBS曲线可在控制点之间产生一条光滑的曲线。样条曲线在设计中主要用于流线型道路、光滑河岸、泳池边及湖岸线的设计，有时也作为流线型灌木满栽的轮廓线等。

（2）激活

下拉菜单:"绘图"/"样条曲线"

工具栏:鼠标单击工具栏上的 ∿ 图标

命令行:SPL(SPLINE)

（3）命令选项　用鼠标单击工具栏上的 ∿ 图标，或在命令行中输入SPL命令，命令提示行中有如下信息:

命令:SPL　　　　　　　　　　（输入样条曲线的快捷命令）

指定第一个点或[对象(O)]:　　（确定第一个点或物体）

指定下一点:　　　　　　　　　（确定第二个点）

指定下一点或［闭合(C)/拟合公差(F)］＜起点切向＞：

（确定第二个点或闭合、拟合、起点切线）

指定起点切向：　　　　　　　　　　（确定起点切线）

指定端点切向：　　　　　　　　　　（确定终点切线）

各命令选项的含义如下：

① 确定第一个点　该缺省选项提示确定样条曲线起始点。确定起始点后，AutoCAD 提示确定第二点，样条曲线至少包括 3 个点。

② 对象　该选项把已存在的 2D 或 3D 的光滑多段线转换为真正的样条曲线。

③ 指定第一个点　缺省时继续确定其他数据点，如果此时按回车，AutoCAD 提示确定始末点的切线，然后结束该命令。如果按 U 键，则取消上一选取点。

④ 闭合（C）　使得样条曲线起始点、结束点重合并共享相同的顶点和切线。封闭样条曲线时，AutoCAD 只提示一次，以确定切线。

⑤ 拟合公差（F）　控制样条曲线对数据点接近程度，拟合公差大小对当前图形单元有效。公差越小，样条曲线就越接近数据点，公差越大，表示偏移距离越大。如为 0，则表明样条曲线精确通过数据点。如图 2-21 所示，拟合公差为 0 时，点在线上，拟合公差为 5 时，点与线之间的距离为 5。

⑥ 指定起点切向（确定起点切线）　缺省选项，按回车键执行。

（4）实例　应用样条曲线、圆及直线命令作环境示意图，如图 2-22 所示，包括建筑、道路、植物等。

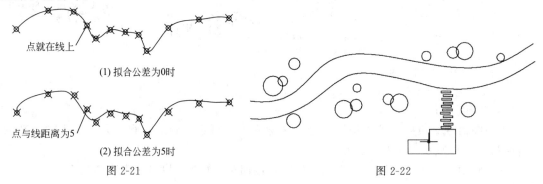

点就在线上

(1) 拟合公差为 0 时

点与线距离为 5

(2) 拟合公差为 5 时

图 2-21　　　　　　　　　　　　　　　　图 2-22

（5）操作技巧

① 用 SPLINE 命令创建真实的样条曲线，即 NURBS 曲线，也可用 PE（PEDIT）命令对多段线进行平滑处理，以创建近似于样条曲线的线条，然后用 SPLINE 命令中的 Object 选项将其转换成等价的样条曲线。

② 通过曲线路径上的一系列点进行平滑拟合，可以创建样条曲线。进行二维制图或三维建模时，用这种方法创建的曲线边界远比多段线精确。

③ 使用 SPLINEDIT 命令或夹点可以很容易地编辑样条曲线，并保留样条曲线定义。

④ 带有样条曲线的图形比带有平滑多段线的图形占据的磁盘空间和内存要小。

⑤ 可指定坐标点来创建样条曲线，也可封闭样条曲线使起点和端点重合。绘制样条曲线时可改变拟合样条曲线的拟合差。

⑥ 在用 SPLINEDIT 命令画样条曲线时，其表现形式还与系统变量 SPLFRAME 的参数相关，若将该系统变量设置为 1 时（缺省为 0），画样条曲线时将同时显示出样条曲线的线框，如图 2-23。

⑦ 样条曲线在制图中一般作为道路、水池驳岸、等高线等光滑曲线。

2.4.10 椭圆和椭圆弧

（1）功能　建立精确数学描述的椭圆和椭圆弧。

（2）激活

下拉菜单："绘图"/"椭圆"

工具栏：鼠标单击工具栏上的 ⬭ 图标或 ⬭ 图标

命令行：EL（Ellipse）

（3）命令选项　用鼠标单击工具栏上的 ⬭ 图标或在命令行中输入 EL 命令，命令提示行中有如下提示：

命令：EL　　　　　　　　　　　　　　　（输入画椭圆的快捷命令）

指定椭圆的轴端点或［圆弧（A）/中心点（C）］：

　　　　　　　　　　　　　　　　　　（确定椭圆轴上的一个端点或输入圆弧 A、
　　　　　　　　　　　　　　　　　　　中心命令 C 选项）

指定轴的另一个端点：　　　　　　　　（确定轴线的另一端点）

指定另一条半轴长度或［旋转（R）］：　（确定另一轴线的半长或输入转角选项 R）

以上为缺省画椭圆的方法，如图 2-24（1）所示。

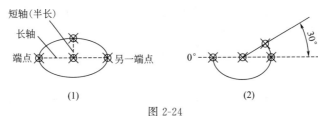

图 2-24

在缺省绘制椭圆中可以指定一个旋转角（R）而不是距离来确定椭圆，在输入转角选项 "R" 时，该旋转角决定了椭圆。该椭圆是以指定的两点之间距离为直径，且过这两点的圆绕椭圆轴旋转指定角度后的投影。若 R 为 0、180、360 度时，椭圆为圆，R 为 90 度时椭圆不存在。在命令行中输入画椭圆的命令，分别设置不同的角度，结果如图 2-25 所示。操作步骤如下：

命令：EL

指定椭圆的轴端点或［圆弧（A）/中心点（C）］：

指定轴的另一个端点：100

指定另一条半轴长度或［旋转（R）］：R　　　　　　（输入转角选项 R）

指定绕长轴旋转的角度：30　　　　　　　　　　　（输入不同的角度）

除了画椭圆外，EL（ELLIPSE）命令还可画椭圆弧，其命令如下：

命令：EL

指定椭圆的轴端点或［圆弧（A）/中心点（C）］：A（输入画椭圆弧选项 A）

指定椭圆弧的轴端点或［中心点（C）］：

指定轴的另一个端点：

指定另一条半轴长度或［旋转（R）］：

图 2-23

指定起始角度或 ［参数（P）］：0 　　　　　　　（确定椭圆弧起始角度）

指定终止角度或 ［参数（P）/包含角度（I）］：210 　　（终点角度）

画椭圆弧的方法如图 2-24(2) 所示。

（4）实例　应用椭圆、椭圆弧、圆及直线命令作园林小环境布置图，如图 2-26 所示，包括步石道路、阔叶植物图例、针叶植物图例和竹子图例。

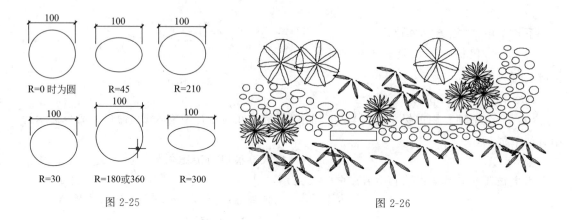

图 2-25　　　　　　　　　　　　　　　　　　　　图 2-26

（5）操作技巧

① 绘制椭圆的缺省方法是指定一个轴的两端点和另一轴的半长。在椭圆中，较长的轴称为长轴，较短的轴称为短轴。长轴和短轴与定义轴的次序无关。

② 椭圆在园林设计中应用广泛，可制作图例、卵石、椭圆的窗、门及相关图案。

③ 利用夹点编辑命令可以对椭圆的长、短轴的长度进行拉长或缩短，从而得到想要的椭圆。

2.4.11　点的创建

（1）功能　点在园林制图中具有特殊的意义，表示草。同时，AutoCAD 中点作为图形的中特定图素，常用作捕捉、偏移对象的节点或参考点。

（2）激活

下拉菜单："绘图"/"点"

工具栏：鼠标在工具栏上单击 ▫ 图标

命令行：PO(Point)

（3）命令选项　单击 ▫ 图标或在命令行中输入 "PO" 命令，命令提示行有如下信息提示：

命令：po

当前点模式：PDMODE＝0　PDSIZE＝0.0000 　　　（点的模式为 0，点的尺寸为 0）

指定点： 　　　　　　　　　　　　　　　　　　（用坐标或鼠标确定点的位置）

在命令行中输入 "PO" 命令，输入一个点后命令即结束，若想再输入，则按回车键重复上次命令。而点击工具栏 ▫ 图标的命令可以连续性地输入点，结束命令须按 Esc 键才能退出。

在下拉菜单中，点击"绘图"/"点"，有 4 个选项：单点、多点、定数等分、定距等分，其含义如下：

① 单点　在绘图区域内用坐标输入或鼠标单击一点后即结束。

② 多点　可以连续性地输入点，按 Esc 键退出。

③ 定数等分　将一个物体平均划分为多个点（又称等分点），原物体属性不变。如图 2-27 所示。命令输入如下：

命令：_divide

选择要定数等分的对象：

输入线段数目或［块（B）］：100

④ 定距等分　将某个物体按距离进行划分（又称测量点），其形式与"定数等分"相似，不同的是"定数等分"输入的是总的点数，而"定距等分"输入的是点与点之间的距离。

⑤ 点的形式　单击下拉菜单"格式"/"点样式"，屏幕上弹出图 2-28 所示的对话框，在对话框中，可以选取自己需要的点的形式，利用"点样式"编辑框调整点的大小。设置有相对于屏幕的大小和绝对单位大小 2 种形式。同时，可运用系统变量 PDMODE 设置不同点的类型及 PDSIZE 控制点的大小。

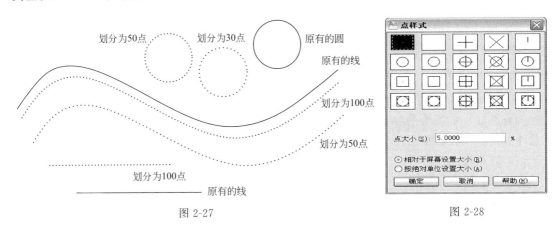

图 2-27　　　　　　　　　　　　　　　　　图 2-28

（4）实例　运用点、线、圆等创建图形的命令，绘制如图 2-29 所示的园林平面图。

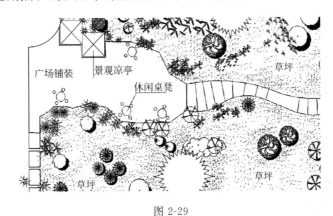

图 2-29

（5）操作技巧

① 在应用点的命令进行大面积草坪绘制时，为提高画图速度，在绘制了几个点后，使用拷贝（CO）命令进行复制。

② 若要连续性的绘制点，可用鼠标单击工具栏上的 · 图标或下拉菜单"绘图"/"点"/"多点"进行连续绘点。

③ 要注意设置点的尺寸，否则打印时墨点太小，草坪难以显示出来。

2.4.12 圆环的创建

（1）功能　圆环是创建填充圆环或实体填充圆的一个便捷途径。圆环实际上是由具有一定宽度的多段线封闭形成。

（2）激活

下拉菜单："绘图"/"圆环"

命令行：DO（Donut）

（3）命令选项

在命令行中输入 DO 命令或单击下拉菜单"绘图"/"圆环"，命令行中有如下提示：

命令：DO	（输入圆环的快捷键）
指定圆环的内径<3000.0000>：	（确定内环直径）
指定圆环的外径<6000.0000>：	（确定外环直径）
指定圆环的中心点或<退出>：	（确定圆环中心或退出）

通过指定不同圆心，可以连续创建直径相同的多个圆环，直到按回车键结束命令。要创建实体填充圆，把内径值指定为 0。同时，圆环对象不同于圆，通过拖动其夹点可改变其形状，如图 2-30 所示。

2.4.13 Sketch 命令徒手绘制

（1）功能　徒手绘图对于创建不规则边界或使用数字化仪追踪比较有用。可以设置线段的最小长度或增量，使用较小的线段可提高精度，但会明显增加图形文件的大小。

（2）激活

命令行：Sketch

（3）命令选项

在命令行中输入 Sketch 命令，命令提示行有如下提示：

命令：sketch	（输入徒手绘图命令）
记录增量<1.0000>：1	（确定最小长度）

徒手画：画笔(P)/退出(X)/结束(Q)/记录(R)/删除(E)/连接(C)<笔落> <笔提>

已记录 23 条直线

徒手画时，单击鼠标左键起笔，落笔时亦单击鼠标左键，按"Enter"键结束画图。

（4）实例　用徒手绘图命令绘制如图 2-31 的园林小环境。

（5）操作技巧

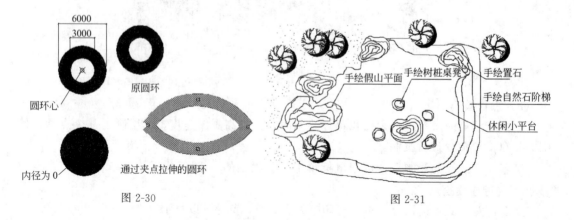

图 2-30

图 2-31

① 使用"SKETCH"命令绘制的徒手画由许多条线段组成，每条线段都是独立的对象或多段线，若要将各小线段连接起来，则可把"SKPOLY"系统变量设置为非零值。

② 徒手线的粗细可用"SKETCHINC"系统变量进行尺寸的设置。

③ 用徒手线条绘图前，要先检查"CELTYPE"系统变量以确保当前的线型为 By-layer，画徒手线条时，最好使用"连续实线"，同时关闭正交模式以保证线条的流畅。

④ 在设计中，经常用徒手线条绘制假山、等高线、水池驳岸、灌木丛等不规则的轮廓线。

2.4.14 图案的填充

（1）功能 在设计制图中，为了标识某一区域的意义或用途，通常以某种图案填充进行标识，如图 2-32 所示，各种不同的图案表示不同的灌木满栽。在设计总图中，一般用各种不同的图案标识不同的地形地物，因此图案填充在制图中具有重要作用。

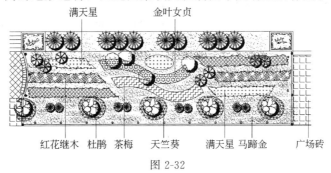

图 2-32

（2）激活

下拉菜单："绘图"/"图案填充"

工具栏：鼠标单击工具栏上的 图标

命令行：H（Hatch）

（3）命令选项 在命令行中输入"H"命令，可弹出"图案填充和颜色渐变"对话框，如图 2-33 所示。要添加图案填充对象，首先要指定图案或参数，然后定义要填充区域的界限，其主要的命令选项如下：

① 类型和图案 预定义（ANSI、ISO、其他预定义图案和自定义图案）、用户定义、自

图 2-33

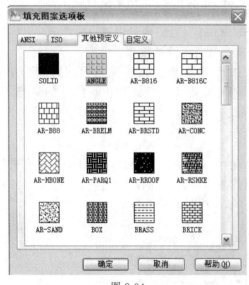

图 2-34

定义。一般填充以预定义图案为主，图 2-34 为其他预定义图案。

② 角度和比例　调整控制图案与当前 UCS 中 X 轴的夹角、图案密度、线间距。

③ 关联　勾选后，图案与边界保持着关联关系，即图案填充后，当边界发生变形（依然封闭）后，图案自动重新生成。

④ 拾起点　以点取的形式自动确定填充区域的边界，单击该按钮进入 AutoCAD 的绘图区域，在想要填充的区域范围内点取一点，程序会自动确定出包围该点的封闭填充边界，这些边界以虚线显示。如果边界不封闭，则无法进行填充，程序将弹出"边界未闭合"的信息面板。

⑤ 选择对象　以选取对象的方式确定填充区域的边界。选择物体进行填充时，若该物体的边界封闭，所填图案完整，若该物体边界不封闭，程序会自动识别并自动寻找物体的封闭区域进行填充，未封闭的区域则进行部分填充。

⑥ 孤岛　所谓孤岛是指在整体填充区域内经常有封闭的区域，构成连续多层嵌套的封闭模式，这些封闭的区域称为孤岛。处理连续多层嵌套的孤岛有普通、外部、忽略 3 种方式，如图 2-33 所示。

⑦ 编辑图案　填充完图案后，需要修改图案或修改图案区域的边界，可利用 HE（HATCHEDIT）命令来编辑它，例如更改图案、缩放比例、角度等。

⑧ 分解图案　图案是一种特殊的块，这种块被称为匿名块，无论其形状多复杂，使用"X"（炸开）命令可以分解成单一对象。

（4）实例　应用图案填充、圆弧、圆、直线、点等图形命令，绘制如图 2-35 所示的园林环境图。

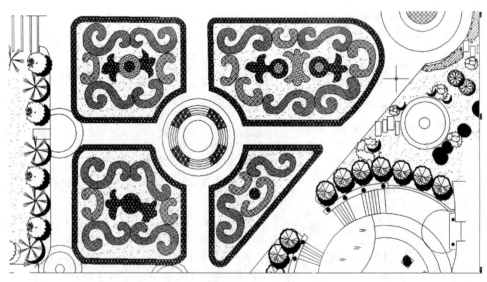

图 2-35

2.5 园林要素的绘制及表现

园林设计要素包括：植物、地形地貌、建筑、道路（广场）、园林小品等五要素，这是园林制图中表现的主要对象，如何应用 AutoCAD 绘制图形，是学习 AutoCAD 软件的关键和目的。

2.5.1 园林植物的表现

在园林设计中，园林植物的表现主要包括植物平面图例的绘制和植物立面的表现。

（1）植物平面图例 植物平面图例是植物正投影的抽象图案，一般应用直线、圆、圆弧、图案填充的命令进行图例的绘制，如图 2-36 所示。

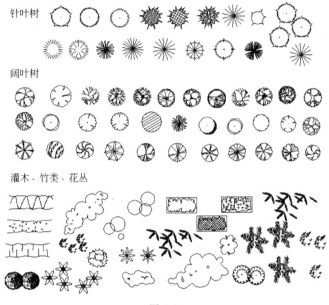

图 2-36

（2）植物立面图 植物的立面图主要用在立面、剖面的配景中，画植物的立面时，往往从植物的主要特征入手，概括出树干、树冠的基本轮廓，而忽略其枝条及叶片的形状，以抽象形式表现出来。为达到一定的艺术效果，可用铅笔先画草图，扫描进电脑后再进行描绘。如图 2-37 所示。

2.5.2 地形地貌的表现

在园林设计中，地形地貌主要包括地形的起伏变化、山石、水体等要素。

（1）等高线的绘制 在 AutoCAD 中，绘制等高线一般用多段线、样条曲线和手绘线条等命令表现随意、自然的地形起伏变化，如图 2-38 所示。

（2）山石的表现 山石的表现一般用多段线的粗线条（设置线宽）画出轮廓，再用细线勾画出内部纹理表现出山石材料的质地、纹

图 2-37

理，如图 2-39 所示。

（3）水体的表现　水体的表现主要是驳岸和水体。驳岸一般用相对较粗的多段线画自然曲折的驳岸线，用较细的多段线绘水体线（常水位线和最低水位线），用几条短画线表示水面，如图 2-40 所示。当然，水的表示方法还有很多，在此仅以自然水体的表现为例说明。

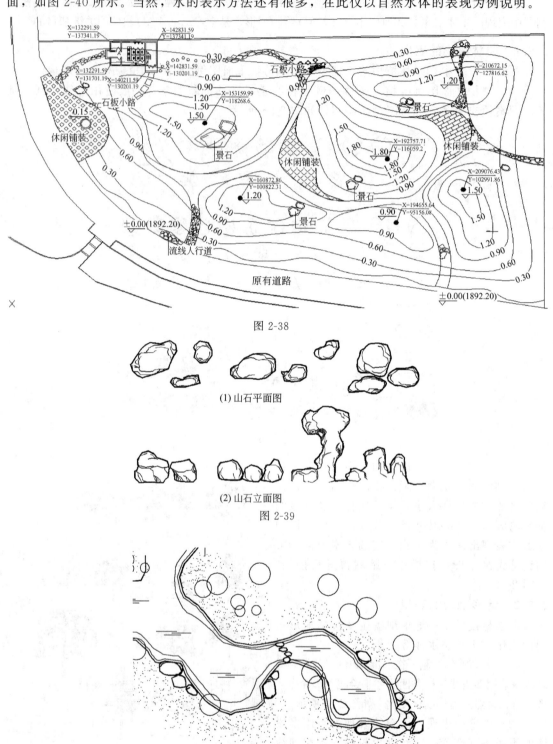

图 2-38

(1) 山石平面图

(2) 山石立面图

图 2-39

图 2-40

2.5.3 园林建筑的表现

AutoCAD 的精确性在园林建筑设计及制图中具有极大的优势，而绘图区域的无限大，使建筑设计的平、立、剖面图可以在一张图纸中完成。用构造线作为辅助线，大大提高了画图的速度和效率，如图 2-41 是某公园公厕的设计图。

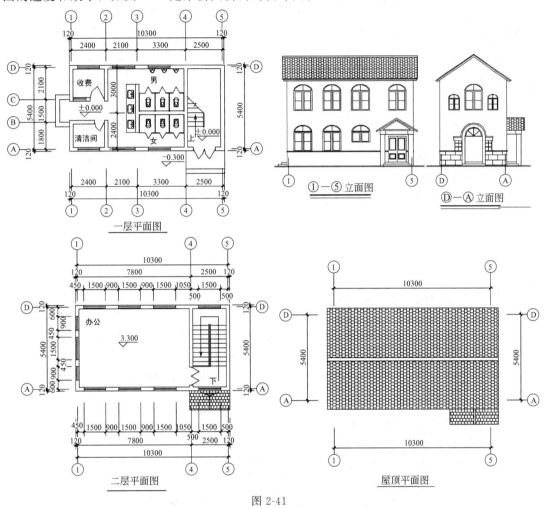

图 2-41

2.5.4 道路（广场）的表现

在 AutoCAD 中，道路广场的材质一般用图案填充来进行表现，如图 2-42 所示的某广场局部铺装平面图。

2.5.5 园林小品的表现

园林小品包括雕塑、小品、桌凳、小型建筑设施等，在 AutoCAD 中主要是制作园林小品的设计图和施工图，如图 2-43 所示为某广场中心雕塑的立面图，用手工进行绘制后，输入电脑再进行描绘。

2.5.6 园林要素的综合表现

应用创建图形的基本命令将园林各要素综合性地表现出来，如图 2-44 所示的某别墅周边的环境设计。当然，要完整地绘制出一张园林设计图纸，光靠基本图形的创建命令还不能满足需要，这里所举的例子仅说明 AutoCAD 在设计制图中的强大功能，更多的命令将在后面的章节中介绍。

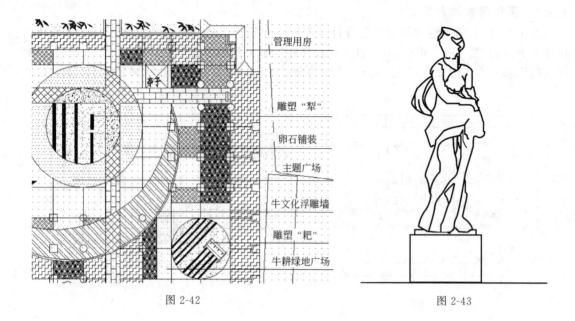

管理用房

亭子

雕塑"犁"

卵石铺装

主题广场

牛文化浮雕墙

雕塑"耙"

牛耕绿地广场

图 2-42　　　　　　　　　　　　　　　　　图 2-43

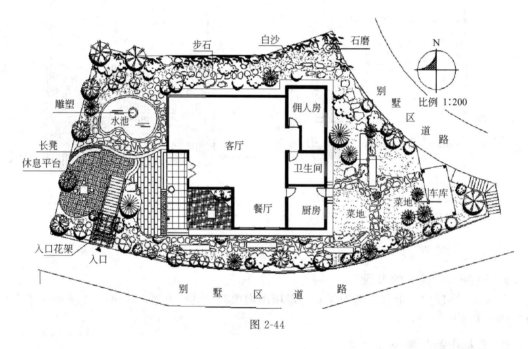

步石　　白沙　　石磨

雕塑　　　　水池　　　　佣人房

长凳

休息平台　　　　　　客厅　　卫生间

别墅区道路

比例 1:200

餐厅　　厨房　　菜地　　车库

入口花架

入口

别　墅　区　道　路

图 2-44

3 AutoCAD 的基本编辑命令

AutoCAD 的绘图命令可以直接绘制基本图形对象，但如果画错了或想重画一个图形，一般情况下都必须对这些图形进行处理（或编辑），如删除、拷贝、移动等。AutoCAD 提供了丰富的图形编辑功能，利用编辑命令可以大大提高绘图的效率和质量。

编辑命令主要有：选择对象、夹点编辑、删除、复制、镜像、偏移、阵列、移动、旋转、缩放、拉伸、剪切、延伸、断开、圆角、倒角、光滑曲线等，如图 3-1 所示为工具栏上主要的编辑命令。

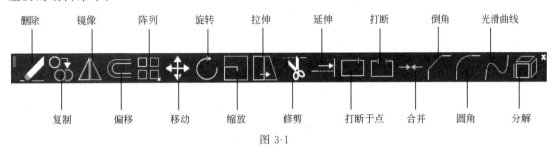

图 3-1

3.1 对象选择

在进行图形编辑时，命令提示行经常有"选择对象"的提示，该提示信息表明，这时可以选择单个对象或选择对象组。

（1）直接拾取对象　当提示选择对象时，鼠标指针会变成方形光标，称为"拾取框"，此时把拾取框移到对象上，直接选择对象。拾取框的大小，可通过下拉菜单"工具"/"选项"/"选择集"中的"拾取框"大小设置。

（2）窗口选择对象　当把拾取框移到图形的空白区域拾取一点，系统会假定选择窗口的第一角点设在该点，移动光标到对角拾取第 2 个点，即拉出一个选择框，拉的方向不同，选择结果有差异：从左向右拖动，选择窗口为实线表示，选择完全包含在选择区域内的对象；从右向左拖动，选择窗口用虚线表示，可选择包含在选择区域内以及选择框经过的对象。

（3）多边形选择窗口　要在不规则形状的区域内选择对象，应该将它们包含在一个多边形选择窗口中。当命令行中提示"选择对象"时，输入"WP"或"CP"，"WP"为多边形选择窗口，只选择它完全包含的对象；而"CP"为交叉多边形选择窗口，可选择包含或相交的对象。

（4）选择栏　使用选择栏可以从复杂图形中选择非相邻对象。选择栏是一条线，可以选择所有穿过的对象。当命令行中提示"选择对象"时，输入"F"，指定第一个栏选点后，确定下一个栏点，并将栏线穿过欲选择的对象，确定后选择对象。

（5）密集或重叠对象选择　当对象非常密集或重叠时，要选择所要的对象往往比较麻烦。为此，启动编辑命令后，可在选择对象提示下首先按下 Ctrl 键，在图形中的稠密区域放置拾取框，使光标位于多个对象之上，鼠标左键单击该位置，释放 Ctrl 键，将启动对象轮换，此时，拾取框内只有一个对象被高亮显示。如果在拾取框内找到一个以上的对象，会在命令提示行中出现＜Cycle on＞。再次鼠标左键单击（不要按下 Ctrl 键），将高亮显示拾取框区域的下一个对象。当高亮显示到需要的对象时，按回车键、空格键或者通过鼠标右键单击结束轮转并选择对象。

（6）选择集中删除和增加对象　创建一个选择集后，可从选择集中删除某个对象。只有在选择对象时或选择集中的对象被亮显并显示夹点时，才能进行删除对象的操作。在选择对象时按 Shift 键，可以从选择集中删除对象。

（7）快速选择　在命令行中输入"QSELECT"命令，或点击下拉菜单"工具"/"快速选择"，出现"快速选择"对话框，根据对象特性（如图层、线型、颜色等）或对象类型（直线、多段线、图案填充等）进行过滤后快速选择。指定过滤条件，快速定义一个选择集，如只选择图形中所有红色的直线而不选择其他对象，或者选择除红色直线以外的所有对象。

3.2　使用夹点编辑

夹点就是对象上的控制点，如果夹点是打开的，AutoCAD 用夹点标记被选中的对象。如一条直线被选择后，直线的两个端点和中点处将显示夹点。在 AutoCAD 中，几乎所有的对象都有自己的夹点，因此，夹点编辑在对象捕捉和常用编辑命令中非常有效。

（1）打开和关闭夹点显示　点击下拉菜单"工具"/"选项"/"选择集"，勾选"启用夹点""在块中启用夹点"及"启用夹点启示"。

（2）夹点编辑　使用夹点进行编辑时，首先要选择作为基点的夹点，这个被选定的夹点称为基夹点（或热夹点）。默认的情况下，未选中的夹点为蓝色，选中的夹点为红色。若状态栏中的"快捷特性"打开，选中后会出现对象的简单信息，并可进行编辑。如果选中夹点后可按右键弹出对象的"特性"快捷菜单，快捷菜单显示出对象的各种特性，可在此对对象进行编辑。

常用夹点编辑：对于直线而言，选择两端点作为基夹点，可直接拉长、缩短、更改方向等，若选择中点，则可进行移动；对于圆、椭圆等图形，选择除中心点以外的点作基夹点，可进行拉伸，选择中心点可进行移动；对于矩形、多边形、圆弧等图形，选择其某个夹点作为基夹点，可进行拉伸、缩短、更改方向等操作；对于文字、块、链接图形等的夹点，选择夹点后可以将其拉动。

3.3　常用的编辑命令

在 AutoCAD 中，对象编辑主要包括删除、复制、镜像、偏移、阵列、移动、旋转、比例、拉伸、打断、倒角、圆角、分解等。在基本图形创建完成后，将进行大量的编辑、整理工作，因此，一定要熟练掌握各编辑命令的操作要点和程序，以提高画图速度。

3.3.1　删除对象
（1）功能　删除对象的主要功能是删除指定对象。
（2）激活
下拉菜单："修改"/"删除"
工具栏：鼠标左键单击工具栏上的 ✐ 图标
命令行：E（Erase）
（3）工具选项　鼠标左键单击工具栏上的 ✐ 图标或在命令行中输入"E"命令，命令提示行中有如下信息提示：

命令：E（输入删除命令的快捷键）

选择对象：找到 1 个（选择物体）

选择对象：（继续选择物体或按回车键删除物体）

（4）操作技巧　进行物体删除时，可以直接选取物体，按"Delete"命令即可删除。或选取对象后输入"E"命令，按回车删除。

3.3.2　物体的复制

（1）功能　将指定对象进行复制或多重复制。在 AutoCAD 中，可以把当前图形复制单个或多个对象，也可以在数据兼容的应用软件之间进行复制。

（2）激活

下拉菜单："修改"/"复制"

工具栏：鼠标单击工具栏上的 图标

命令行：CO 或 CP(COPY)

（3）命令选项　利用 Copy 命令在图形内进行复制对象时，必须创建一个选择集，并为副本对象在绘图区域内指定基点（起点）和位移点（到达点），其操作如下：

命令：CO　　　　　　　　　　　[输入 CO 或 CP(COPY)命令]

选择对象：找到 1 个（选择对象）

选择对象：（按回车键确定）

当前设置：　复制模式＝多个

指定基点或[位移(D)/模式(O)]<位移>：指定第二个点或<使用第一个点作为位移>：（确定基点后，再输入一点，程序按给定两点确定的位移矢量进行复制，缺省为以第一点作为位移点）

指定第二个点或[退出(E)/放弃(U)]<退出>

其命令相关选项含义如下：

① 位移（D）　使用坐标指定相对距离和方向，可以输入坐标，也可直接输入两者之间的距离。

② 模式（O）　控制是否自动重复该命令，有单个（S）或多个（M）两个模式。

3.3.3　利用剪切板复制物体

（1）功能　利用 Windows 系统提供的剪切板，可以将 AutoCAD 文件中的图形对象在软件内或在其他软件间进行复制，先将对象剪切或复制到剪贴板，然后从剪切板粘贴到图形中。

（2）激活

下拉菜单："编辑"/"剪切"或"复制"

工具栏：鼠标单击标准工具栏 或 图标

命令行：Ctrl＋X 或 Ctrl＋C

（3）操作技巧

① 利用剪贴板可将图像粘贴到当前图形文件中，并设置图像的插入点、缩放比例及旋转方向。

② 如果从 AutoCAD 中将图形复制到位图软件（如 Photoshop）中，图形将从矢量文件转换为位图文件，而如果从位图软件中将文件复制到 AutoCAD 中，图形格式不会发生转换，依然是位图文件。

3.3.4 镜像物体

（1）功能　利用"镜像"命令，可围绕两点定义的镜像轴线来创建物体的镜像。

（2）激活

下拉菜单："修改"/"镜像"

工具栏：用鼠标单击工具栏上的 ⚂ 图标

命令行：MI(Mirror)

（3）命令选项　在命令行中输入 MI 命令，命令提示行有如下信息提示：

命令:MI　　　　　　　　　　　　　　　（输入镜像命令快捷键）

选择对象:找到 1 个　　　　　　　　　　（选择物体）

选择对象:　　　　　　　　　　　　　　（按回车键）

指定镜像线的第一点:指定镜像线的第二点:　（确定镜像轴的第一点和第二点）

要删除源对象吗？[是(Y)/否(N)]<N>　　（是否删除原物体）

（4）操作技巧　文字镜像：执行镜像操作时，如果选择集中包含了文字、属性和属性定义，此时这些对象同样被反转或倒置。要防止镜像文字被反转或倒置，将 MIRRTEXT 系统变量设置为 0（关闭），缺省为关闭；MIRRTEXT 系统变量设置为 1（打开），如图 3-2 所示。但是，对于属性定义和可变属性，由于插入块的文字和固定属性是作为块的一部分而整体生成镜像的，因此，不管 MIRRTEXT 的设置如何，这些对象都将被倒置。

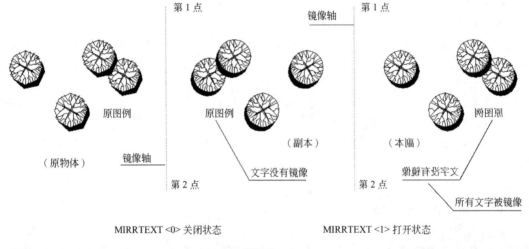

图 3-2

3.3.5 偏移复制对象

（1）功能　偏移是创建一个选定对象的等距复制对象，即创建一个与选定对象类似的新对象，并把它放在离原对象一定距离的位置。可以偏移的对象包括直线、圆弧、圆、二维多段线、椭圆、椭圆弧、构造线、射线和平面样条曲线等。

（2）激活

下拉菜单："修改"/"偏移"

工具栏：鼠标单击工具栏上的 ⚃ 图标

命令行：O(OFFSET)

（3）命令选项　用鼠标单击工具栏上的 ⚃ 图标或在命令行中输入 O 命令，命令提示行有如下信息提示：

命令:o （输入偏移的快捷命令）

当前设置:删除源＝否　图层＝源　OFFSETGAPTYPE＝0　（程序确定偏移命令）

指定偏移距离或[通过(T)/删除(E)/图层(L)]＜通过＞＜10.0000＞:

（输入偏移距离或通过某个点）

选择要偏移的对象,或[退出(E)/放弃(U)]＜退出＞:　　（选择物体偏移）

指定要偏移的那一侧上的点,或[退出(E)/多个(M)/放弃(U)]＜退出＞:

（确定物体的偏移方向）

选择要偏移的对象,或[退出(E)/放弃(U)]＜退出＞:

（继续选择物体进行偏移或按回车键退出）

其命令选项的含义如下。

通过（T）:在利用偏移命令偏移对象时,可以使偏移对象穿过一个指定点。

（4）实例

实例1:利用偏移命令对圆、椭圆、圆弧、封闭多段线、直线、样条曲线、多段线进行偏移,如图3-3所示。

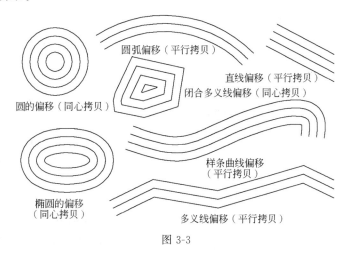

图 3-3

实例2:利用偏移命令作出如图3-4所示的平面图,以距离偏移命令为主进行操作,直线距离也可直接输入距离确定。

（5）操作技巧　偏移命令在距离确定中应用比较普遍,设计中线与线之间的距离容易确定,如道路宽,画出路的一边后,通过距离偏移命令可以直接得到路的另外一边;知道建筑平面的开间和面阔,作出一边后,利用距离偏移可逐渐得到平面图,这是用 AutoCAD 作图的常用方法。

3.3.6　阵列对象

（1）功能　利用 ARRAY 命令,可以在环形或矩形阵列中复制对象或选择集。其中,对于环形阵列,可以控制副本对象的数目和决定是否旋转对象。

（2）激活

下拉菜单:"修改"/"阵列"

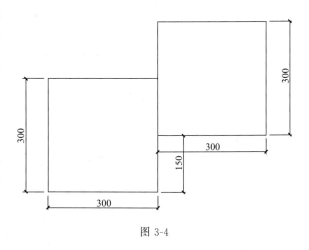

图 3-4

工具栏：鼠标单击工具栏中的 品 图标

命令行：AR（Array）

（3）命令选项　用鼠标单击工具栏中的 品 图标或在命令行中输入 AR 命令，弹出如图 3-5 所示的"阵列"命令面板，勾选"矩形阵列"，选择一个植物图例，行列数设置为 4，行偏移设置为 400，列偏移设置为 400，其结果如图 3-6 所示。

图 3-5　　　　　　　　　　　　　　　　　　　　　　　　　　图 3-6

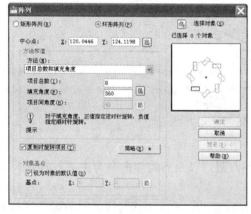

图 3-7

在"阵列"对话面板中，勾选"环形阵列"，如图 3-7 所示，环形阵列可将图形以某一点为中心进行环形复制，阵列结果使对象沿中心点的四周均匀排列成环形，如图 3-8 所示，制作了桌子和一张凳子后，用环形阵列将凳子围绕桌子进行旋转排列，旋转中心为圆桌中心，凳子数目为 8，沿 360 度的方向阵列。在图 3-8（1）中，勾选了"复制时旋转项目"，凳子的方向面向桌子中心排列。而在图 3-8（2）中，没有勾选"复制时旋转项目"，则不旋转阵列物体的方向，凳子的方向水平排列。

3.3.7　移动对象

（1）功能　移动对象仅仅是位置平移，而不改变对象的方向和大小；精确地移动对象时，可辅助使用夹点和对象捕捉模式。

（2）激活

下拉菜单："修改"/"移动"

工具栏：鼠标单击工具栏上的 图标

命令行：M（Move）

（3）命令选项　用鼠标单击工具栏上的 图标或在命令行中输入 M 命令，命令提示行中有如下信息提示：

命令:M　　　　　　　　　　　　　　（输入移动快捷命令）

选择对象:找到 1 个　　　　　　　　　（选择物体）

选择对象:　　　　　　　　　　　　　（按回车确定物体）

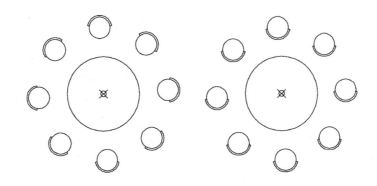

(1) 旋转阵列物体   (2) 不旋转阵列物体

图 3-8

指定基点或[位移(D)]<位移>：　　指定第二个点或<使用第一个点作为位移>：

(确定一点为基点,然后在确定另外一点或输入一个距离)

执行结束,将所选对象从当前位置按给定的距离进行了矢量位移。

3.3.8　旋转对象

(1) 功能　将所选对象绕指定点（旋转基点）旋转指定的角度。

(2) 激活

下拉菜单："修改"/"旋转"

工具栏：鼠标单击工具栏上的 ○ 图标

命令行：RO(ROTATE)

(3) 命令选项　用鼠标单击工具栏上的 ○ 图标或在命令行中输入 RO 命令,命令提示行中有如下信息提示：

命令:RO　　　　　　　　　　　　　　　　（输入旋转快捷命令）

UCS 当前的正角方向： ANGDIR＝逆时针　 ANGBASE＝0　（系统缺省设置）

选择对象:找到 1 个　　　　　　　　　　　（选择物体）

选择对象：　　　　　　　　　　　　　　　（按回车确定物体）

指定基点：　　　　　　　　　　　　　　　（选择旋转基点）

指定旋转角度,或[复制(C)/参照(R)]<0>：　（输入角度或随便旋转）

其命令选项含义如下：

① 复制（C）　创建要旋转对象的副本,即旋转后原对象保留。

② 参照（R）　将对象从指定的角度旋转到新的绝对角度。

3.3.9　比例缩放对象

(1) 功能　利用 AutoCAD 的比例缩放功能,可以在 X 和 Y 方向使用相同的比例因子缩放选择集,可以使对象变得更大或更小,但不改变它的宽高比。还可通过指定一个基点和长度（基于当前图形单位,用作比例因子）或直接输入比例因子来缩放对象,也可以为对象指定当前长度和新长度。

(2) 激活

下拉菜单："修改"/"缩放"

工具栏：鼠标单击工具栏上的 ⬚ 图标

命令行：SC(SCALE)

（3）命令选项　用鼠标单击工具栏上的 🔲 图标或在命令行中输入 SC 命令，命令提示行有如下信息提示：

命令:SC　　　　　　　　　　　　　　　　（输入比例缩放的快捷键）
选择对象:指定对角点:找到 1 个　　　　　（选择物体）
选择对象:　　　　　　　　　　　　　　　（按回车确定选择的物体）
指定基点:　　　　　　　　　　　　　　　（确定比例缩放的基点）
指定比例因子或[复制(C)/参照(R)]<0.7413>:2　（确定比例因子或参数）

利用比例因子缩放将改变选定对象的所有尺寸。比例因子大于 1 时将放大对象，比例因子小于 1 时将缩小对象。如图 3-9 所示，原图例的半径为 1000，放大两倍后，半径放大为 2000。

原图例

放大 2 倍的图例

图 3-9

（4）操作技巧

① 缩放时，可选择一个基点和两个参照点指定参照长度，通过拖动指定新的比例。

② 改变非闭合对象（如直线、圆弧、多段线、椭圆弧、样条曲线等）的长度，可对其进行比例缩放。

3.3.10　拉伸对象

（1）功能　通过重新定位对象的一部分来拉伸对象的长度。可以用交叉选择框选择对象，并利用对象捕捉、夹点捕捉、栅格捕捉和相对坐标输入与夹点编辑结合起来进行精确拉伸。

（2）激活

下拉菜单：“修改”/“拉伸”

工具栏：鼠标单击工具栏上的 🔲 图标

命令行：S（STRETCH）

（3）命令选项　用鼠标单击工具栏上的 🔲 图标或在命令行中输入 S 命令，命令提示行有如下信息提示：

命令:S　　　　　　　　　　　　　　　　（输入拉伸的快捷命令）
以交叉窗口或交叉多边形选择要拉伸的对象……

　　　　　　　　　　　　　　（用交叉窗口或不规则交叉窗口选择对象）
选择对象:找到 1 个　　　　　　　　　　（选择物体）
选择对象:　　　　　　　　　　　　　　　（按回车键确定物体）
指定基点或[位移(D)]<位移>:　　　　　（确定基点）
指定第二个点或<使用第一个点作为位移>:（确定第二点或回车）

（4）实例　在如图 3-10（1）中“设计植物名录表”中有一段空白，为使表显得紧凑，将虚线范围内的内容由 A 点拉伸到 B 点，用 S 命令，选中虚线范围的内容，以 A 点作为拉伸基点，拉伸物体至 B 点，结果将如图 3-10（2）所示。

（5）操作技巧

① 用拉伸命令拉伸物体时，如果选取的是由直线、圆弧、射线、多段线等命令绘制的线段或圆弧，整个物体均在选取框范围内，则执行的结果是对其进行移动。若只是物体的一端在选取框范围内，另一端在外，则在选取窗口内的端点发生拉伸，而另一端保持不动。

② 对于圆及椭圆，拉伸其圆心时会移动，而拉伸其他夹点时则不会发生变化。

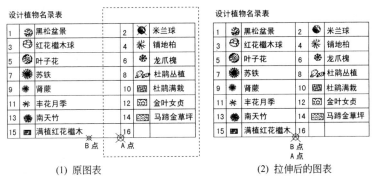

設計植物名録表

1	黑松盆景		2		米兰球
3	红花檵木球		4		铺地柏
5	叶子花		6		龙爪槐
7	苏铁		8		杜鹃丛植
9	肾蕨		10		杜鹃满栽
11	丰花月季		12		金叶女贞
13	南天竹		14		马蹄金草坪
15	满植红花檵木		16		

B点   A点

(1) 原图表

设计植物名录表

1	黑松盆景		2		米兰球
3	红花檵木球		4		铺地柏
5	叶子花		6		龙爪槐
7	苏铁		8		杜鹃丛植
9	肾蕨		10		杜鹃满栽
11	丰花月季		12		金叶女贞
13	南天竹		14		马蹄金草坪
15	满植红花檵木		16		

B点
A点

(2) 拉伸后的图表

图 3-10

③ 对于文字、块,拉伸其夹点时会移动,而拉伸其他部分不会发生变化。

④ 在设计中拉伸某一端点时,可以在定义了一个基点,指定了一个拉伸方向后直接输入距离进行距离拉伸。

3.3.11 加长对象

(1)功能 利用加长操作可以改变圆弧的角度,可以改变非闭合的直线、圆弧、非闭合多段线、椭圆弧和非闭合样条曲线的长度,结果与延伸和修剪相似。

(2)激活

下拉菜单:"修改"/"加长"

工具栏:鼠标单击工具栏上的 图标

命令行:LEN(Lengthen)

(3)命令选项

命令:LEN (输入加长的快捷命令)

选择对象或[增量(DE)/百分数(P)/全部(T)/动态(DY)]: (选择物体)

当前长度:1000.0000 (当前物体的长度)

选择对象或[增量(DE)/百分数(P)/全部(T)/动态(DY)]:P (输入百分比形式)

输入长度百分数<100.0000>: (选择要改变的物体)

执行结果如图 3-11 所示。

其他命令选项:

① 增量(DE) 改变圆弧的长度,可以用角度的方式改变弧长,或直接输入数值增加弧长的增量,且正值使圆弧增长、负值使圆弧缩短。

② 全部(T) 通过输入直线的新长度或圆弧的新角度来改变长度或角度。

③ 动态(DY) 动态地改变线或弧的长度。

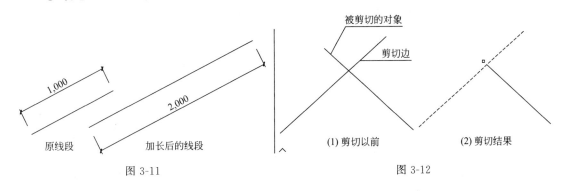

1,000	2,000	被剪切的对象 剪切边
原线段	加长后的线段	(1)剪切以前 (2)剪切结果

图 3-11   图 3-12

3.3.12 剪切对象

(1) 功能　利用剪切对象可以定义一个或多个对象作剪切边,并精确剪切对象。剪切边可以是直线、圆弧、圆、多段线、椭圆、样条曲线、构造线、射线和图纸空间中的视口等。

(2) 激活

下拉菜单:"修改"/"修剪"

工具栏:鼠标单击工具栏上的 -/- 图标

命令行:TR(Trim)

(3) 命令选项　用鼠标单击工具栏上的 -/- 图标或在命令行中输入 TR 命令,命令提示行有如下信息提示:

命令:TR　　　　　　　　　　　　　　　　　　　　(输入剪切快捷命令)

当前设置:投影=UCS,边=无　　　　　　　　　　　(系统当前设置)

选择剪切边......　　　　　　　　　　　　　　　　(选择剪切边)

选择对象或<全部选择>:　找到 1 个　　　　　　　(选择作为剪切边的物体)

选择对象:找到 1 个(1 个重复),总计 1 个　　　　(按回车键确定物体)

选择要修剪的对象,或按住 Shift 键选择要延伸的对象,或[栏选(F)/窗交(C)/投影(P)/边(E)/删除(R)/放弃(U)]:　　　　　　　　　　(选择被剪切的对象)

执行结果如图 3-12 所示。

其他命令选项:

① 投影(P)　用来确定执行剪切的空间,一般在二维平面里主要有当前空间和用户坐标系的空间。

② 边(E)　用来确定剪切方式,主要有 Extend/No extend 两种,即按延伸方式剪切或按实际情况剪切。按延伸方式剪切时,如果剪切边太短与被剪边没有相交时,命令假想将剪切边延长,然后再进行剪切。

(4) 操作技巧

① 剪切比较宽的多段线时,剪切沿中心线进行的。

② 对于 Mline(多线)只可以选作剪切边,却不能被剪切,炸开后可被剪切。

③ 按延伸方式剪切时,可以用对象的隐含交点(两个对象延伸相交的点)作为剪切边修剪对象。

④ 在图纸空间中,可以将视口边框作为剪切边。

⑤ 如果没有选择剪切边而直接按回车键,将把屏幕上的所有对象作为有效的剪切边,但不高亮显示这些对象。

3.3.13 延伸对象

(1) 功能　利用 EXTEND 命令可以使对象精确地延伸至定义的边界。

(2) 激活

下拉菜单:"修改"/"延伸"

工具栏:鼠标单击工具栏上的 →| 图标

命令行:EX(Extend)

(3) 命令选项　用鼠标单击工具栏上的 →| 图标或在命令行中输入 EX 命令,命令提示行有如下信息提示:

命令:EX　　　　　　　　　　　(输入延伸快捷命令)

当前设置:投影=UCS,边=无

选择边界的边……   （系统设置）

选择对象或＜全部选择＞：   （选择物体）

找到一个选择对象：   （回车确定选择的物体）

选择要延伸的对象，或按住 Shift 键选择要修剪的对象，或［栏选（F）/窗交（C）/投影（P）/边（E）/放弃（U）］： 指定对角点   （选择物体延伸）

程序执行结果如图 3-13 所示。

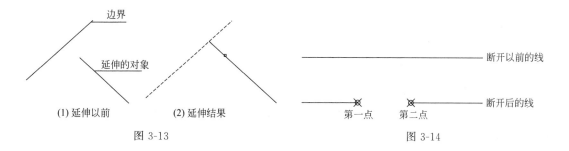

图 3-13   图 3-14

其他命令选项：

投影（P）、边（E）：见"剪切"命令中的解释。

（4）操作技巧

① 延伸命令用线、圆、圆弧、椭圆、多段线、样条曲线、射线、文本等作为边界，比较宽的多段线作边界时，其中心线为边界线。

② 对于多段线，只有不封闭的多段线可以延长，即可以延伸多段线的第一条边或最后一条边。

③ 使用圆弧或部分椭圆时，不能将对象的端点延伸至闭合的点。可以延伸射线，但不能延伸无穷长的直线，因为无穷长的直线没有边界和端点。

3.3.14　断开对象

（1）功能　断开对象就是将对象分成几个部分。

（2）激活

下拉菜单："修改"/"打断"

工具栏：鼠标单击工具栏上的 ⌐ 或 ⊏ 图标

命令行：BR（Break）

（3）命令选项　用鼠标单击工具栏上的 ⌐ 或 ⊏ 图标或在命令行中输入 BR 命令，命令提示行有如下信息提示：

命令：BR   （输入断开的快捷命令）

选择对象：   （选择断开的物体）

指定第二个打断点或［第一点（F）］：f （确定第二个断开点或输入 F 确定第一个断开点选项）

指定第一个打断点：   （确定第一个断开点）

指定第二个打断点：   （确定第二个断开点）

程序执行结果如图 3-14 所示。

（4）操作技巧

① 选择断开对象后，默认的选项是选择对象时的点为断开的第一点，选择对象的第二点为断开的第二点。

② 断开对象时，选择的第二个点不在断开的对象上，则该点为拾取点到对象的垂足。

③ 断开一个圆后得到的是一段圆弧。

3.3.15　倒直角

（1）功能　倒直角是连接两个非平行的对象，通过延伸或修剪使它们相交或利用斜线连接。可以为直线、多段线、构造线和射线倒直角，其中，利用距离方法可以指定每一条直线应该被修剪或延伸的长度，利用角度方法可以指定倒角的长度以及它与第一条直线形成的角度。

（2）激活

下拉菜单："修改"/"倒角"

工具栏：鼠标单击工具栏上的▱图标

命令行：CHA（Chamfer）

（3）命令选项　用鼠标单击工具栏上的▱图标或在命令行中输入 CHA 命令，命令提示行中有如下信息提示：

命令:CHA　　　　　　　　　　　　　　　　　（输入倒直角的快捷命令）

（"修剪"模式）当前倒角距离 1＝0.0000,距离 2＝0.0000（系统当前设置）

选择第一条直线或[放弃(U)/多段线(P)/距离(D)/角度(A)/修剪(T)/方式(E)/多个(M)]:D（输入距离 D 选项）

指定第一个倒角距离<0.0000>:200　　　　　（确定第一倒角距离）

指定第二个倒角距离<200.0000>:　　　　　　（确定第二倒角距离）

程序执行结果如图 3-15 所示。

其他命令选项：

① 多段线（P）　选择的对象是多段线，则只能对相邻的直线段进行倒直角，也可对整条多段线进行倒角，设置好倒角的距离或角度后，直接点击多段线，则多段线整条修改。

② 角度（A）　根据一个倒角距离和一个角度进行倒直角。设置倒角距离为700，角度设置为 60 度，结果如图 3-16 所示。

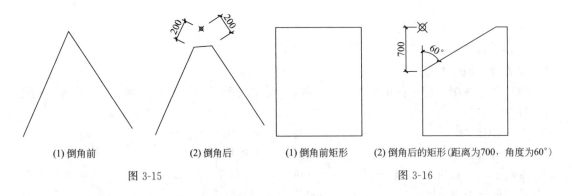

(1)倒角前　　　　(2)倒角后　　　　(1)倒角前矩形　　　(2)倒角后的矩形（距离为700，角度为60°）

图 3-15　　　　　　　　　　　　　　　图 3-16

③ 修剪（T）　用来确定倒直角时是否对相应的倒角进行修剪。"不修剪"则原有对象保留，"修剪"则原有对象删除，系统缺省选项为修剪。

④ 方式（E）　该选项用来确定按什么方式倒直角，缺省选项为通过距离倒角。

（4）操作技巧

① 如果正在被倒直角的两个对象都在同一图层，则倒角线将位于该图层。否则，倒角

线将位于当前图层。此规则同样适用于倒角的颜色、线型和线宽。

② 倒直角时，若设置的倒角距离、倒角太大则无法倒角。

③ 如果两条直线平行或发散，不能作出倒角。

④ 当两个倒角距离为零时，倒角命令延伸选定的两直线使之相交，但不产生倒角。

3.3.16 倒圆角

（1）功能　倒圆角就是通过一个指定半径的圆弧来光滑地连接两个对象。

（2）激活

下拉菜单："修改"/"圆角"

工具栏：鼠标单击工具栏上的 ◢ 图标

命令行：F(Fillet)

（3）命令选项　用鼠标单击工具栏上的 ◢ 图标或在命令行中输入 F 命令，命令提示行有如下信息提示：

命令:F   （输入倒圆角快捷命令）

当前设置:模式＝不修剪,半径＝0.0000   （系统当前设置）

选择第一个对象或[放弃(U)/多段线(P)/半径(R)/修剪(T)/多个(M)]:R
                                              （半径选项）

指定圆角半径＜0.0000＞:300   （输入倒角半径）

程序执行结果如图 3-17 所示。

其他命令选项：

① 多段线（P）　执行该选项，对二维多段线倒圆角，如图 3-18 所示，8 条线段被倒圆角，3 条线段太短没有被倒角。

② 修剪（T）　该选项用来确定倒圆角的方式，即确定原来的物体是否被剪切。该用法与倒直角相似。

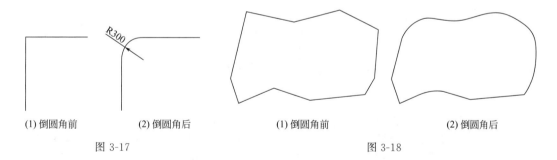

(1)倒圆角前　　(2)倒圆角后　　　　(1)倒圆角前　　　　(2)倒圆角后

图 3-17　　　　　　　　　　　　　　图 3-18

（4）操作技巧

① 如果要进行倒圆角的两个对象都位于同一图层，那么圆角线将位于该图层。否则，圆角线将位于当前图层中。此规则同样适用于圆角颜色、线型和线宽。

② 可以进行圆角处理的对象有直线、多段线的直线段、样条曲线、构造线、射线、圆、圆弧、椭圆和实体等，并且直线、构造线和射线在相互平行时也可进行倒圆角。各种情况如图 3-19 所示。

③ 对两条平行线倒圆角时，程序会自动将倒圆角半径定为两条平行线距离的一半。

④ 若倒圆半径为零，则两条不平行的线相交。

⑤ 设计中，道路转弯半径一般都是通过倒圆角来决定的，如图 3-20 所示。

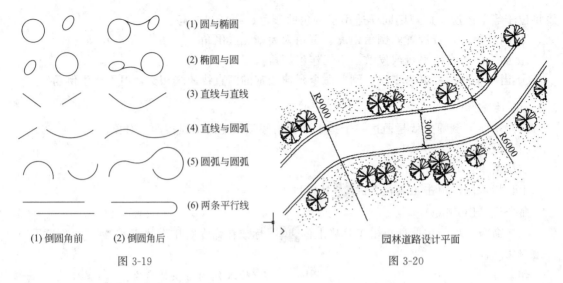

(1) 圆与椭圆
(2) 椭圆与圆
(3) 直线与直线
(4) 直线与圆弧
(5) 圆弧与圆弧
(6) 两条平行线
(1) 倒圆角前
(2) 倒圆角后

图 3-19

R9000
3000
R6000
园林道路设计平面

图 3-20

3.3.17 分解对象

（1）功能　把多段线分解成一系列的直线段与圆弧，把多线分解成各直线段，把块分解成该块的各对象，把一个尺寸标注分解成线段、箭头和尺寸文本。

（2）激活

下拉菜单："修改"/"分解"

工具栏：鼠标单击工具栏上的图标

命令行：X(Explode)

（3）命令选项　用鼠标单击工具栏上的图标或在命令行中输入 X 命令，命令提示行中有如下信息提示：

命令:X　　　　　　　　（输入分解的快捷命令）

选择对象:找到 1 个　　（选择物体）

选择对象:　　　　　　（回车确定物体分解）

如图 3-21(1) 所示的内容中，多段线、块、文本标注等物体分解前是整体，分解后打散为各个部分，用移动命令可以随意将其移动，如图 3-21(2)。

（4）操作技巧

多义线
1000
块
尺寸标注
(1) 分解前
1000
(2) 分解后

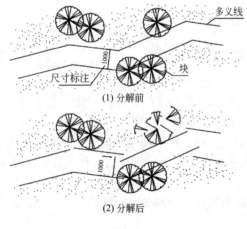

图 3-21

① 分解对象将单个对象转换成它们下一个层次的组成对象，但有时看不出对象有什么变化。例如，分解多段线、矩形、圆环、填充图案和多边形等，命令可将它们转换成多个简单的直线的圆弧。

② 分解对象可以把块、标注分解成组成块或标注的简单对象。编组将分解为它们的成员对象或成为其他编组对象。

③ 如果分解包含多段线的块，则需要单独分解多段线。

④ 分解命令不能分解外部参照及其组成的块。

3.3.18 编辑多段线

（1）功能　对多段线进行编辑。

（2）激活

下拉菜单："修改"/"对象"/"样条曲线"

命令行：PE(PEDIT)

（3）命令选项　在命令行中输入 PE 命令后回车，命令提示行有如下信息提示：

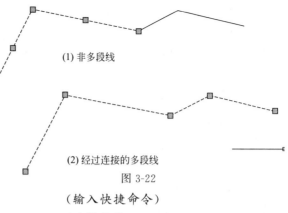

(1) 非多段线

(2) 经过连接的多段线

图 3-22

命令:PE　　　　　　　（输入快捷命令）

PEDIT 选择多段线或[多条(M)]：　　（选择物体）

输入选项[闭合(C)/合并(J)/宽度(W)/编辑顶点(E)/拟合(F)/样条曲线(S)/非曲线化(D)/线型生成(L)/反转(R)/放弃(U)]：　　（输入编辑选项）

各选项的含义如下：

① 闭合打开　输入 C 选项，程序自动封闭多段线。之后，原选项 CLOSE 的位置出现 OPEN 项，执行 OPEN 后，打开多段线，选项又变为 CLOSE。即两选项交替出现。

② 合并　将非多段线连接成多段线，如图 3-22 所示。

③ 宽度（W）　用来编辑多段线的线宽。输入新的线宽值，所编辑的多段线均变成该宽度。

④ 拟合（F）　将选定的多段线拟合成一条双圆弧曲线，如图 3-23。拟合时，多段线的各顶点依然在线上。

⑤ 样条曲线（S）　将多段线拟合成样条曲线。其中所编辑的多段线的各顶点作为样条曲线的控制点，如图 3-24 所示。

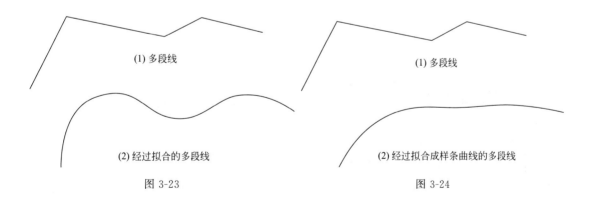

(1) 多段线

(2) 经过拟合的多段线

图 3-23

(1) 多段线

(2) 经过拟合成样条曲线的多段线

图 3-24

⑥ 弯曲　用来删除拟合过的多段线，将多段线恢复到直线段，同时保留多段线顶点的所有切线信息。

⑦ 线型生成　该选项开关用来规定非连续多段线在各顶点处的会线方式，当该选项关闭时，多段点在各顶点处均为折线，当该选项打开时，多段线在各顶点处的会线方式有原来的线型决定。

⑧ 取消　取消 PE 编辑的上一次操作。

⑨ 退出　退出当前的编辑命令。

⑩ 编辑顶点　编辑多段线的顶点,执行该选项,可以依次编辑顶点,可以对顶点进行"打断(B)""插入(I)""移动(M)""重生成(R)""拉直(S)""切向(T)""宽度(W)""退出"等操作。

3.3.19　样条曲线

(1) 功能　对样条曲线进行编辑。

(2) 激活

下拉菜单:"修改"/"对象"/"样条曲线"

命令行:SPE(Splinedit)

(3) 命令选项　在命令行中输入 SPE 命令,执行命令后命令提示行有如下信息提示:

命令:spe

选择样条曲线:　　　　　　　　　　　　　　(选择样条曲线)

输入选项[拟合数据(F)/闭合(C)/移动顶点(M)/优化(R)/反转(E)/转换为多段线(P)/放弃(U)]:　　　　　　　　　　　　　(输入各命令选项)

其他命令选项的含义如下:

拟合数据(F):编辑样条曲线对象的拟合数据点。输入 F 后,可以对数据点进行"添加(A)""闭合(C)""删除(D)""移动(M)""清理(P)""相切(T)""公差(L)""退出(X)"等操作。

3.3.20　多线编辑

(1) 功能　对多线进行编辑。

(2) 激活

下拉菜单:"修改"/"对象"/"多线"

命令行:MLEDIT

(3) 命令选项　在命令行中输入 MLEDIT 命令,弹出图 3-25 所示的"多线编辑工具"

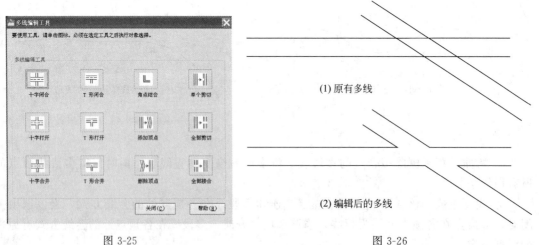

图 3-25　　　　　　　　　　　　　　　　　　图 3-26

命令面板。选择"十字合并"编辑工具后，在如图 3-26（1）中选择两条多线，结果如图 3-26（2）所示。

3.3.21 特性匹配

（1）功能 将一个物体的属性（层、颜色、线型）匹配给另一个物体。

（2）激活

下拉菜单："修改"/"特性匹配"

工具栏：鼠标单击标准工具栏上 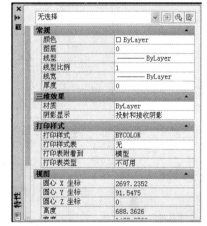 图标

命令行：MA(matchprop)

（3）命令选项 在命令行中输入 MA 命令，命令提示行中有如下提示：

命令：MA

选择源对象：　　　　　　　　　　　　　　　（选择源物体）

当前活动设置：颜色 图层 线型 线型比例 线宽 厚度 打印样式 标注 文字 填充 图案 多段线 视口表格材质 阴影显示 多重引线 （当前设置）

选择目标对象或［设置(S)］：　　　　　　　　（选择被匹配的对象）

选择目标对象或［设置(S)］：　　　　　　　　（回车确定）

（4）操作技巧

① 在缺省情况下，所有可应用的特性都可以从源对象复制到目标对象，但不同特性的物体在进行匹配时，有些特性被目标对象接受，但却不可见。如复制一种线型到一个文字对象是可以实现的，但该文字对象不会随所匹配的线型而更新。

② 属性匹配在实际制图中应用广泛，特别是对文字大小、物体颜色、线型等特性的匹配非常方便。

3.3.22 编辑对象属性

（1）功能 修改对象的属性。

（2）激活

下拉菜单："修改"/"特性"

命令行：CH 或 MO （Properties）

（3）命令选项

① 选中一个物体或多个物体后，输入 CH 命令，程序弹出"特性"对话框，该对话框包括该物体可以更改的属性：如颜色、线型、线型比例、线宽、打印样式、厚度等。如图 3-27 所示。

② 在对话框中更改属性的方法：输入新值、从列表中选择一个值、在对话框中修改特性值、用拾取点按钮修改坐标值等。

图 3-27

3.4 综合实例

3.4.1 绘制植物图例

综合应用圆、直线、填充、复制等相关命令制作一个带阴影的植物图例，主要步骤如图 3-28 所示。

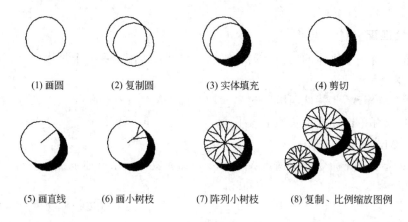

(1) 画圆　　　(2) 复制圆　　　(3) 实体填充　　　(4) 剪切

(5) 画直线　　(6) 画小树枝　　(7) 阵列小树枝　　(8) 复制、比例缩放图例

图 3-28

3.4.2　设计平面图的绘制

综合应用创建命令和编辑命令设计如图 3-29 所示的"露天音乐茶座"平面设计图。根据现场尺寸进行平面设计布置，合理安排茶座、草地、吧台等内容的位置。

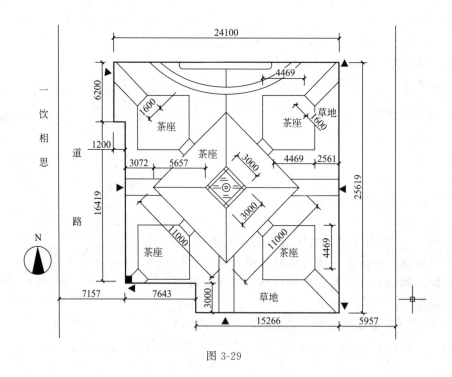

图 3-29

3.4.3　地面铺装材质填充

平面图绘制完成后，运用图案填充、移动、复制、偏移等命令进行地面材质的铺装，效果如图 3-30 所示。

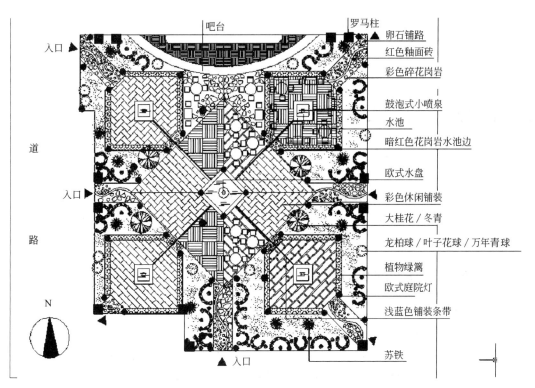

吧台　　　　　　　罗马柱

入口 ▲

道

路

N

卵石铺路
红色釉面砖
彩色碎花岗岩
鼓泡式小喷泉
水池
暗红色花岗岩水池边
欧式水盘
彩色休闲铺装
大桂花 / 冬青
龙柏球 / 叶子花球 / 万年青球
植物绿篱
欧式庭院灯
浅蓝色铺装条带
苏铁

▲ 入口

图 3-30

4 绘图技巧与绘图设置

在制图中，AutoCAD 提供了多种辅助绘图功能，如图形的精确绘制、图形的灵活显示、图形信息的查询等功能，利用这些绘图技巧和设置，可以方便、快捷、准确地绘制出所需的图形。

4.1 精确绘图中的辅助定位

4.1.1 栅格捕捉功能

（1）功能　利用栅格捕捉功能可以生成一个隐含分布于屏幕上的栅格，栅格是一系列显示在指定间距的点。这种栅格能捕捉光标，打开捕捉模式时，光标就像被磁铁粘住一样捕捉到指定的间距移动。因此，调整捕捉和栅格间距可以完成特定的设计任务。

（2）激活

命令行：SNAP

状态栏：鼠标单击 ▦ 图标

功能键：F9

（3）命令选项　在命令行中输入 SNAP 命令行或用鼠标单击状态行中的 SNAP 图标，命令提示行有如下信息提示：

命令：SNAP　　　（输入栅格捕捉命令）

指定捕捉间距或〔开（ON）/关（OFF）/纵横向间距（A）/样式（S）/类型（T）〕<10.0000>：

各选项的含义如下：

①　开（ON）　打开捕捉显示（按 F9）。

②　关（OFF）　关闭捕捉显示（再次按 F9 键）。

③　纵横向间距（A）　设置显示捕捉水平及垂直间距，用于设定不规则的捕捉。

④　样式（S）　提示选定"标准"或"等轴测"捕捉。其中，"标准"样式为常用的捕捉格式，"等轴测"模式用于绘制三维图形。

⑤　类型（T）　捕捉类型有栅格捕捉（G）和极轴捕捉（P），极轴捕捉使光标沿着相对极轴追踪起点的极轴定向角度进行捕捉。

（4）操作技巧

①　"栅格捕捉"选项后的"极轴间距"选项用于轴测图绘制，它以 30°、90°、150°、210°、270°和 330°为基础。

②　设置捕捉的另外一种有效的方法是，选择下拉菜单"工具"/"绘图设置"，打开"草图设置"对话框，可以对"捕捉间距""栅格间距""捕捉类型"等进行设置，如图 4-1 所示。

4.1.2 栅格显示功能

（1）功能　控制是否在屏幕上显示栅格，所显示的栅格间距可以和捕捉栅格的间距相等，也可以不相等。

（2）激活

命令行：GRID

状态栏：用鼠标单击状态行上的  图标

功能键：F7

（3）命令选项　用鼠标单击状态行上的  图标或在命令行中输入 GRID 命令，命令提示行有如下信息提示：

命令：GRID

　　　　（输入 GRID 命令）

图 4-1

指定栅格间距(X)或[开(ON)/关(OFF)/捕捉(S)/主(M)/自适应(D)/界限(L)/跟随(F)/纵横向间距(A)]<10.0000>：　　　　　　　　　（缺省距离为 10）

各选项的含义如下：

① 开（ON）　打开栅格显示（按 F7）。

② 关（OFF）　关闭栅格显示（再次按 F7 键）。

③ 捕捉（S）　设置显示栅格间距等于捕捉间距。

④ 主（M）　设置每个栅格线的栅格分块数。

⑤ 自适应（D）　控制放大或缩小时栅格线的密度。设置是否允许以小栅格间距的间距拆分栅格。

⑥ 界限（L）　设置是否显示超出界限的栅格。

⑦ 跟随（F）　设置是否跟随动态 UCS 的 XY 平面而改变栅格平面。

⑧ "纵横向间距"　设置显示栅格水平及垂直间距，用于设定不规则的栅格。

（4）操作技巧

① 栅格间距不要太小，否则将导致图形模糊及屏幕刷新太慢，甚至无法显示栅格。

② 不一定限制使用正方的栅格，有时纵横比不是 1:1 的栅格可能更有用。

③ 如果已设置了图形界限，则仅在界限范围内显示栅格。

4.1.3 使用正交模式

（1）功能　控制用户是否以正交方式绘图，在正交方式下，可以方便地绘出与当前 X轴、Y 轴平行的线段。即打开正交模式时，只能画水平或垂直线。

（2）激活

命令行：ORTHO

状态栏：鼠标单击状态栏上的 按钮

功能键：F8

（3）命令选项　可通过单击状态栏上的 按钮或在命令行中输入"ORTHO"命令，命令提示行有如下信息提示：

命令：ortho

输入模式[开(ON)/关(OFF)]<关>：　（打开或关闭）

打开正交模式后，可以方便地画垂直线或平行线。

4.1.4 草图设置对话框

（1）功能　以对话框的形式设置栅格捕捉、栅格显示、极轴追踪以及正交等功能。

（2）激活

下拉菜单："工具"/"草图设置"

命令行：DDRMODES

（3）命令选项　"草图设置"对话框包括了5个选项卡："捕捉和栅格""极轴追踪""对象捕捉""动态输入""快捷特性"。如图4-1所示。

4.1.5 对象捕捉

（1）功能　对象捕捉能够快速定位对象上某个精确位置点，如直线中点、圆中心、象限点、垂足点等，如图4-2所示。对象捕捉相当于选择点的几何过滤器，可以辅助选取指定点。

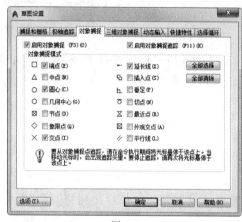

图 4-2

（2）激活

功能键：F3(开/关)

快捷菜单：在接受点时，按下"Shift"键的同时单击鼠标右键，弹出物体捕捉的快捷菜单。如图4-3所示。

（3）命令选项

① 端点　捕捉到圆弧、椭圆弧、直线、多线、多段线、样条曲线、面域或射线最近的端点，或捕捉宽线、实体或三维面域最近的角点。

② 中点　捕捉到圆弧、椭圆、椭圆弧、直线、多线、多段线、面域、实体、样条曲线或参照线的中点。

③ 圆心　捕捉到圆弧、圆、椭圆或椭圆弧的中心。

④ 外观交点　捕捉不在同一平面，但在当前视图中看起来可能相交的两个对象的视觉交点。"延伸外观交点"不能用作执行对象捕捉模式。"外观交点"和"延伸外观交点"不能

图 4-3

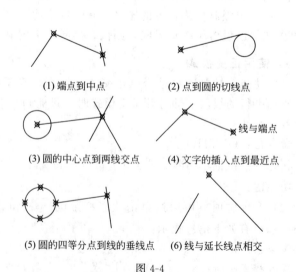

(1) 端点到中点　　(2) 点到圆的切线点

(3) 圆的中心点到两线交点　(4) 文字的插入点到最近点

(5) 圆的四等分点到线的垂线点　(6) 线与延长线点相交

图 4-4

和三维实体的边或角点一起使用。

⑤ 交点　捕捉到圆弧、圆、椭圆、椭圆弧、直线、多线、多段线、射线、面域、样条曲线或参照线的交点。"延伸交点"不能用作执行对象捕捉模式。

⑥ 象限点　捕捉到圆弧、圆、椭圆或椭圆弧的象限点（0°、90°、180°或270°处的点）。

⑦ 垂足　捕捉圆弧、圆、椭圆、椭圆弧、直线、多线、多段线、射线、面域、实体、样条曲线或构造线的垂足。

⑧ 平行线　首先指定直线的起点，然后将鼠标在希望画平行线的对象上停留，直到出现平行捕捉标记后再移动光标到画平行线的位置。

⑨ 切线点　捕捉同圆、椭圆或圆弧相切的切点，该点从最后一点到拾取的圆、椭圆或圆弧形成一切线。

⑩ 节点　捕捉到点对象、标注定义点或标注文字原点。

⑪ 插入点　捕捉到属性、块或文字的插入点。

⑫ 最近点　捕捉对象上最近的点，一般是端点、垂点或交点。

⑬ 关闭　关闭对象捕捉模式。

⑭ 延伸点　捕捉延伸点，即当光标移出对象的端点时，系统将显示沿对象轨迹延伸出来的虚拟点。

各种不同模式的点在捕捉开关打开的情况下用线进行连接，如图4-4所示。在缺省情况下，对象捕捉模式被设置为捕捉端点、圆心、交点和延伸点。在精确绘图中，应用对象捕捉模式将大大提高绘图的速度和精度。

4.2　自动追踪

自动追踪可用于按指定角度绘制对象，或者绘制与其他对象有特定关系的对象。当自动追踪打开时，屏幕上出现的对齐路径（水平或垂直追踪线），有助于用精确的位置和角度创建对象。自动追踪包括极轴追踪和对象捕捉追踪两种，可以通过状态栏上的"极轴"或"对象追踪"按钮打开或关闭。

此外，对象捕捉追踪应与对象捕捉配合使用，也就是说，在对象的捕捉点开始追踪之前，必须首先设置对象捕捉。

4.2.1　极轴追踪

使用极轴追踪时，对齐路径由相对于起点和端点的极轴角定义。可通过单击状态栏上的 ⚮ 按钮、按 F10 键打开或关闭极轴追踪。在使用极轴追踪时，角度的增量是一个可以设置的值。

（1）设置　要设置极轴角，可选择下拉菜单"工具"/"草图"，然后在打开的"草图"对话框中选择"极轴追踪"选项卡，如图4-5所示。选项卡中的设置如下：

① 启用极轴追踪　打开极轴追踪模式。

图 4-5

② 极轴角设置　选择极轴角的递增角度。

③ 极轴角的设置　除了根据角增量设置的极轴角外，还可以添加非递增角度。如想追踪 40°，可以添加 40°作为附加极轴角，追踪时则会显示 40°的虚线。

（2）设置极轴捕捉　缺省情况下，捕捉类型为矩形捕捉。因此，打开捕捉后，光标沿极轴追踪时仍遵循 X、Y 捕捉设置移动光标。如果希望光标沿极轴精确移动，可设置极轴捕捉，在"草图设置"对话框的"捕捉和栅格"选项卡，如图 4-1 所示，选中"捕捉"按钮，并利用"栅格间距"设置极轴捕捉间距，距离设置为 10。

（3）正交模式对极轴追踪的影响　若打开正交模式，光标将被限制沿水平或垂直方向移动，因此，正交模式和极轴追踪模式不能同时打开。若打开了正交模式，极轴追踪模式将被自动关闭；反之，若打开了极轴追踪模式，正交模式也将被关闭。

4.2.2　对象捕捉追踪

使用对象捕捉追踪，可以沿着基于对象捕捉点的对齐路径进行追踪。已获取的点将显示一个小加号（＋），一次最多可以获取七个追踪点。获取点之后，当在绘图路径上移动光标时，将显示相对于获取点的水平、垂直或极轴对齐的路径。例如，可以基于对象端点、中点或者对象的交点，沿着某个路径选择一点。默认情况下，对象捕捉追踪将设置为正交。对齐路径将显示在始于已获取对象点 0°、90°、180°和 270°的方向上。

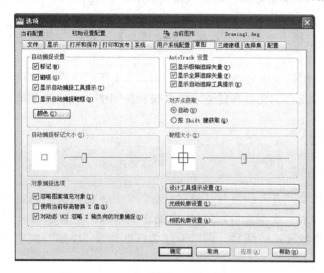

图 4-6

4.2.3　修改自动追踪设置

可以根据需要修改自动追踪显示对齐路径的方式，以及系统获取对象点的方式。如要修改自动追踪设置，可选择下拉菜单"工具"/"选项"，"绘图"选项卡。有关设置自动追踪的选项在"自动追踪设置"区中，可以打开或关闭有关对齐路径的显示选项，如图 4-6 所示，自动追踪设置包括 3 种显示：

① 显示极轴追踪矢量　清除该选项后不显示极轴追踪路径。

② 显示全屏追踪矢量　清除该选项后只显示对象捕捉点到光标之间的对齐路径。

③ 显示自动追踪工具提示　用于控制是否显示自动追踪工具栏提示。工具栏提示显示了对象捕捉的类型（针对对象捕捉追踪）、对齐角度以及与前一点的距离。

4.3　控制图形显示

在编辑图形时，要查看所作修改的整体效果，可以控制图形显示并快速移动到图形的不同区域。通过缩放图形显示来改变大小或通过平移重新定位视图在绘图区域中的位置。还可以保存视图，然后在需要打印或查看特定细节时将其还原，也可以将屏幕划分为几个平铺的视口同时显示几个视图。鸟瞰视图是一个定位工具，它类似图形的缩略图，利用它可放大图形或定位图形区域。

按一定比例、观察位置和角度显示图形称为视图，改变视图最常见的方法是放大或缩小绘图区域中的图像。增大图像以便更详细地查看细节称为放大，收缩图像以便在更大范围内查看图形称为缩小。AutoCAD 提供了几种方法来改变视图：实时缩放、平移、指定显示窗口、按指定比例缩放、改变显示中心点及显示整个图形等。

4.3.1 实时缩放

（1）功能　在实时缩放模式下，可向上或向下拉动光标来放大或缩小图形。

（2）激活

下拉菜单："视图"/"缩放"

工具栏：鼠标单击标准工具栏中的 图标

命令行：Z(Zoom)

（3）命令选项

① 实时缩放　用鼠标单击标准工具栏中的实时缩放图标或在命令行中输入 "Z" 命令，缺省为 "实时"，按回车键屏幕出现实时缩放图标，此时，按住鼠标左键向内推时，屏幕放大；向外拉，则屏幕缩小。当放大到当前视图的最大极限时，加号（＋）将会消失，表明不能再放大了。当缩小到当前视图的最小极限时，减号（－）将会消失，表明不能再缩小了。放开拾取键，缩放就会停止。

② 退出　要从实时缩放模式退出、切换到实时平移模式或其他缩放模式，可以在绘图区域中单击鼠标右键，然后从弹出的快捷菜单中选择 "退出" 或其他菜单项。此外，按 "Enter" 键或 "Esc" 键也可退出实时模式。如果正在使用 "智能鼠标"，可以向前旋转滑轮将视图放大，向后旋转滑轮将视图缩小。

4.3.2 实时平移

（1）功能　移动全图，使图纸的特定部分位于当前的显示屏幕中，以利察看或绘图。

（2）激活

下拉菜单："视图"/"平移"

工具栏：鼠标单击标准工具栏上的 形状

命令行：P(Pan)

（3）命令选项

① 在实时平移模式下，光标呈 形状，按下鼠标左键并拖动即可移动图形显示区域。

② 退出　要退出实时平移模式或切换到其他缩放模式，可单击鼠标右键，然后从弹出的快捷菜单中选择适当选项。也可按 "Enter" 键或 "Esc" 键。

4.3.3 显示的其他选项

在命令行中输入 Z 命令，命令提示行中有如下信息提示：

指定窗口的角点，输入比例因子(nX 或 nXP) 　　　　　　　　　　　（缺省设置）

[全部(A)/中心(C)/动态(D)/范围(E)/上一个(P)/比例(S)/窗口(W)/对象(O)]＜实时＞：

其他命令选项如下：

① 全部（A）　将图上的全部图形显示在屏幕上，如果各对象均没有超出所设置的绘图范围，则按图纸边界显示；如果有的对象画到图纸边界以外，显示的范围则被扩大，以便将超出边界的部分也显示在屏幕上。

② 中心（C）　允许重新设置图形的显示中心和放大（缩小）倍数。

③ 对象（O）　选择的图形对象尽可能大地显示在屏幕上。

④ 范围（E）　程序将尽可能大地显示整个图形，此时与图形边界无关。

⑤ 上一个（P）　该选项用来恢复上一次显示的图形。

⑥ 比例（S）　以输入数值作为缩放系数的方式缩放图形。有绝对缩放、相对当前可见视图缩放和相对图纸空间单元缩放 3 种形式。

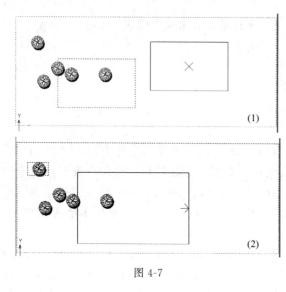

图 4-7

⑦ 窗口（W）　可以输入一个矩形窗口两个对角点的方式来确定要观察的区域。此时窗口的中心变成新的显示中心，窗口内的区域被放大或缩小以尽量占满显示屏幕。

⑧ 动态（D）　动态缩放。执行该选项，屏幕出现蓝色虚线框（图纸范围或图形实际占据的区域），绿色虚线框（上次视图的区域），中心有"叉"的实线框表示当前的取景框，如图 4-7（1）所示；若此时按回车键屏幕将显示该区域的内容，若此时按左键，框内的"叉"消失，而右边出现箭头，此时可缩放框的大小及重新选择视图区域，如图 4-7（2）所示。

4.4　绘图单位设置

4.4.1　设置单位样式

（1）功能　在 AutoCAD 绘制的每一个图形对象都具有一定的大小，都必须通过单位来测量，因此，在绘图时必须对图形单位进行设置。

（2）激活

下拉菜单："格式"/"单位"

命令行：Units

（3）命令选项　点击下拉菜单"格式"/"单位"，或在命令行中输入"Units"命令，AutoCAD 弹出图 4-8 所示的对话框。其各命令选项的含义如下：

① 长度　一般以十进制计数法，精度保留小数点后两位（如 20.08）。

② 角度　在角度的表示类型中一般选十进制角度表示，勾选顺时针方向，表示角度以顺时针为正方向。

③ 插入时的缩放单位　用于选择插入图块时的单位，与当前绘图环境的单位一致。

4.4.2　设置角度方向

在图 4-8 中点击"方向（D）..."按钮，则弹出"方向控制"对话框，如图 4-9 所示，可选择角度的零度方向，如东（E）、北（N）、西（W）、南（S）分别表示以东、北、西、南作为角度的零方向。如果点取"其他（O）项"，则表示以其他方向作为角度的零度方向，可以在角度选项中输入角度作为零度方向，也可以点击"拾取"按钮，在作图区域中点取两点作为零度方向。一般情况下，以缺省的东方作为零方向。

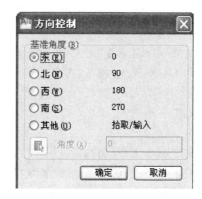

图 4-8   图 4-9

4.5　图形信息的查询

4.5.1　查询工具

AutoCAD 中提供了一组查询图形中对象信息的工具，这些信息包括面积、长度、点、质量特性，以及对象中所有点的列表。这些查询工具表组在下拉菜单"工具"/"查询"中。

4.5.2　距离查询

（1）功能　求指定的两个点之间的距离以及有关角度值，以当前绘图单位显示。

（2）激活

下拉菜单："工具"/"查询"/"距离"

工具栏：鼠标单击标准工具栏上的 图标

命令行：Di

（3）命令选项　用鼠标单击标准工具栏上的 图标或在命令行中输入 Di（Dist）命令，命令提示行有如下信息显示：

命令：di

指定第一点：   （在屏幕点击第 1 点）

指定第二个点或［多个点（M）］：   （在屏幕点击第 2 点）

距离＝1068.2644，XY 平面中的倾角＝0，与 XY 平面的夹角＝0　X 增量＝1068.2644，Y 增量＝0.0000，Z 增量＝0.0000

列表信息表明，两点之间的距离是 1068.2644。

4.5.3　面积查询

（1）功能　求若干个点所确定的区域或由指定对象围成区域的面积与周长，还可以进行面积的加、减运算。

（2）激活

下拉菜单："工具"/"查询"/"面积"

工具栏：鼠标单击标准工具栏上的 图标

命令行：AA

（3）命令选项　测量如图 4-10 所示的面积，用鼠标单击标准工具栏上的 图标或在命令行中输入

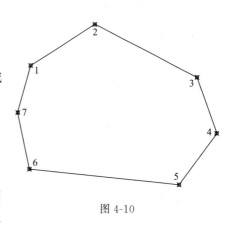

图 4-10

4　绘图技巧与绘图设置　**53**

AA（Area）命令，命令行中有如下信息：

命令：AA

指定第一个角点或[对象(O)/增加面积(A)/减少面积(S)]＜对象(O)＞

指定下一个点或[圆弧(A)/长度(L)/放弃(U)]：   （确定第 1 个点）

指定下一个点或[圆弧(A)/长度(L)/放弃(U)]：   （确定第 2 个点）

指定下一个点或[圆弧(A)/长度(L)/放弃(U)/总计(T)]＜总计＞:（确定第 3 个点）

……

指定下一个点或[圆弧(A)/长度(L)/放弃(U)/总计(T)]＜总计＞:（确定第 7 个点）

指定下一个点或[圆弧(A)/长度(L)/放弃(U)/总计(T)]＜总计＞:（与第 1 个点闭合）

面积＝53897.3947,周长＝882.6415   （面积数值和周长数值）

其他命令选项的含义如下：

① 对象（O） 求指定对象所围成区域的面积，执行该选项，测量如图 4-11 所示的草地的面积及周长。选择围合草地的样条曲线，面积＝65672.9656，周长＝1054.8542。选择对象进行面积测量时，只有圆、椭圆、二维多段线、矩形、正多边形、样条曲线、面域等对象所围成的面积可以直接查询。对于多段线，面积按多段线的中心线进行计算。对于非闭合的多段线或样条曲线，执行命令后，AutoCAD 先假设用一条直线将其首尾相连，然后再求所围成封闭区域的面积，但所计算出的长度是该多段线或样条曲线的实际长度。

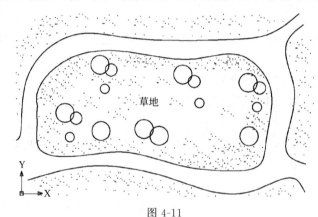

图 4-11

② 增加面积（A） 进入加入模式，即把新选对象的面积加入总面积中。

③ 减少面积（S） 进入扣除模式，即把新面积从总面积中扣除。

4.5.4 指定对象数据列表

（1）功能 以列表的形式显示所指定对象特性的有关数据。

（2）激活

下拉菜单："工具"/"查询"/"列表显示"

工具栏：鼠标单击标准工具栏上的 图标

命令行：Li

（3）命令选项 用鼠标单击标准工具栏上的 图标或在命令行中输入 Li(List) 命令，选中图 4-11 中的草地的外轮廓，则弹出如图 4-12 所示的选中对象的相关信息，包括名称、位置、图层、颜色、面积、坐标等。

4.5.5 显示点的坐标

（1）功能 指定点后显示该点的坐标值。

（2）激活

下拉菜单："工具"/"查询"/"点坐标"

工具栏：用鼠标单击标准工具栏上的

图标

命令行：ID

（3）命令选项　用鼠标单击标准工具栏上的图标或在命令行中输入 ID 命令，命令行中有如下信息显示：

命令:id

指定点:X＝1210.9544　　Y＝546.0754

Z＝0.0000

图 4-12

该命令在施工图绘制中应用广泛，结合坐标标注便可在图纸中标注出施工控制点的坐标。

4.6　快捷命令的应用

（1）功能　快捷命令是命令的简写形式，与命令的功能相同，都起到调动或启动该命令相关功能的作用，如直线（Line）的快捷命令是 L 键。

（2）查询　查询快捷命令可点击下拉菜单"工具"/"自定义"/"编辑程序参数"，打开 acad.pgp 记事本，可以查看已有的快捷键或自定义快捷键。

在 AutoCAD 软件中，不是所有的命令都有快捷命令，也不是所有的快捷命令都必须记住，只要记住常用的快捷命令即可。

5 AutoCAD 图形属性设置

在绘图表现中，必须依据国家相关规范来进行图形的制作，如建筑的墙体、窗、标高、尺寸、说明等不同的图形元素，必须采用实线、虚线、中心线、点划线等不同的线型，而且，不同的线型其宽度也不相同，为了便于管理这些图形，AutoCAD 引入了图层的概念，把各个不同属性（如线型、线宽、颜色等）的图形放在不同的层上进行处理，极大地方便了对图形的修改和编辑。

5.1 图层

5.1.1 图层的概念

图层的概念，可以把图层想象成没有厚度的透明图片，各层之间完全对齐，一层上的某一基准点对准其他各层上的同一基点。而且，还可以给每一图层指定绘图所用的线型、颜色和状态，并将具有相同线型和颜色的实体放到相应的图层上。这样，在确定每一实体时，只需确定这个实体的几何数据和所在图层既可，从而节省了绘图工作量与存储空间。

5.1.2 图层的特性

可以在一幅图中设置任意数量的图层，而且每一图层上的实体数没有限制。图层的特性如图 5-1 所示，包括图层名字、当前图层、图层锁定等。

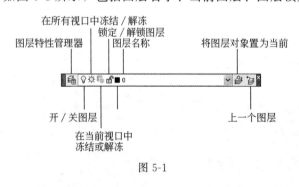

图 5-1

（1）图层名字　每一图层都应有一个名字加以区别。新建文件时，系统会自动生成名为 "0" 的图层，该图层为缺省图层，不能被删除，其余新建图层系统会自动顺序匹配为 "图层 1、图层 2……" 一般情况下，为有效识别图层，应尽量自定义具有一定识别意义的名字，如建筑图层、道路图层、绿化图层等。

（2）当前图层　在 AutoCAD 中绘图，只能在当前图层上进行。物体属性工具栏上会显示当前图层的相关属性，其他的图层可以通过图层操作命令改变为当前图层。各图层具有相同的坐标、绘图界限、显示缩放倍数，也可以对位于不同图层上的实体同时进行编辑操作。

5.1.3 图层的创建及命名

（1）功能　可以为具有相同属性的图形创建一个层并命名它，并赋予图层颜色、线型、线宽等，用层来管理图形，有利于快速显示和修改图形中的对象。

（2）激活

下拉菜单："格式"/"图层"

工具栏：鼠标单击物体属性工具栏上的 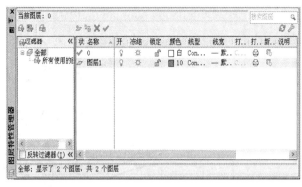 图标

命令行：LA（Layer）

（3）命令选项　用鼠标单击物体属性工具栏上的 图标，如图 5-1 所示，或在命令行中输入"LA"命令，则 Au-toCAD 弹出"图层特性管理器"对话框，如图 5-2 所示。其命令选项的含义如下：

图 5-2

① 新建图层　单击 按钮，在图层列表中便新增一个新图层，并以系统自动顺序匹配的命名方式命名，也可改变层的名字，选中层名后输入一个新的名字。在缺省条件下，层的颜色是白色，线型是连续线，线宽设置为缺省线宽（0.25mm），打印模式为"正常"，这些属性可根据需要更改。

② 删除图层　在所建的图层中，如果图层上还没有画任何图形，可以用 Delete 按钮将其删除。但若在图层上画过图形，即使删除图形，也无法将层删除。

③ 置为当前　将某个图层设置为当前。不论任何时候，都有一个（也只有一个）图层是当前图层。要将某个图层设置为当前，只需用鼠标选中该图层，单击 按钮，即可将其设置为当前，其图层名在列表框上的"当前图层"一栏中显示出来，同时也在屏幕上方的物体属性工具栏中显示出来。

5.1.4　图层的打开和关闭

在应用 AutoCAD 绘图时，有时工程量较大，图形作起来比较复杂，文件会越来越大，电脑运行起来比较慢，这时将一些暂时不会用到的图层冻结，可大大提高电脑运行速度。

（1）功能　图层打开时，该图层上的图形可以在显示器上显示或可打印出来，被关闭的图层仍然是图层的一部分，但它们不被显示或绘制出来。因此，可以根据需要打开或关闭图层。

（2）激活　在"图层特性管理器"对话框中用鼠标点击"开/关"图标，或在物体属性栏的图层中勾选"开/关"。

（3）实例　在设计制图中，绿化设计做好后可以关闭绿化图层，新建一个给排水图层、灯光系统图层或网格放样图层，如图 5-3 所示为某广场的网格放样平面图，而图 5-4 所示的则是网格图层关闭后的平面图。

5.1.5　图层的冻结和解冻

（1）功能　在复杂的图形中，可以用冻结图层的办法来提高电脑绘图、显示的速度，加快选取对象的过程，也可以减少重新生成图形的次数。Auto-CAD 不会显示和打印或者重新生成处于冻结层上的对象。而当冻结层解冻时，AutoCAD 将会重新生成图层上的对象。

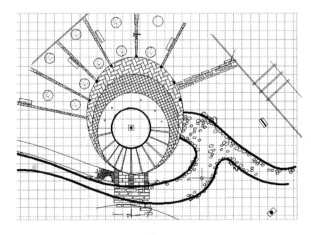

图 5-3

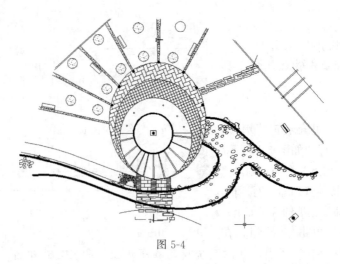

图 5-4

（2）激活　在"图层特性管理器"对话框中用鼠标点击"冻结"/"解冻"图标，或在物体属性工具栏的图层中勾选"冻结"/"解冻"图标。

注：当前图层不能被冻结和关闭，若一定要冻结和关闭该图层则需将该图层设为非当前图层。

5.1.6　图层的锁定和解锁

（1）功能　锁定图层上的对象，对象可见但不能编辑，锁定的图层可以是当前图层，可以往里面增加内容及用查询命令进行信息查询，用捕捉工具进行捕捉，可以冻结和关闭锁定的层，或改变其相关的颜色和线型。

（2）激活　在"图层特性管理器"对话框中用鼠标点击"锁定"/"解锁"图标，或在物体属性工具栏上勾选"解锁"图标。

注：不论图层处于任何状态，都可以进行图层的锁定。在设计中一般可以把参考线图层、道路基础线图层及防误删的图层进行锁定。锁定的图层可以进行打印。

5.1.7　图层打印的开关

（1）功能　对于可见层，可以打开或关闭打印，如果一个图层中只包含有参考信息，就可以关闭其打印而不输出。被关闭打印的图层依然在图形中显示或进行相关编辑。

（2）激活　在"图层特性管理器"对话框中用鼠标点击"打印"图标，"禁止打印"符号出现，再次点击则变为"打印"。也可在物体属性工具栏上点击"打印"图标。

注：在打印图纸以前一定要检查图形属性的设置情况，以防不小心点击了禁止打印，造成某个图层未能打印出来的后果。

5.2　图层的颜色

每一个图层都有一定的颜色，可以从 255 种 AutoCAD 颜色索引（ACI）颜色、真彩色和配色系统颜色中选择颜色。对不同的图层可以设置相同的颜色，也可以设置不同的颜色。

5.2.1　图形颜色的打开

在命令行中输入"LA"命令，程序弹出"图层特性管理器"对话框，在对话框的图层列表中用鼠标点击"颜色"列的颜色块，程序弹出"选择颜色"对话框，如图 5-5 所示。对话框中的各选项含义如下：

①"索引颜色"选项卡 实际上是一张包含256种颜色的颜色表。它可以使用AutoCAD的标准颜色（ACI颜色），在ACI颜色表中，每一种颜色用一个ACI编号（1～255之间的整数）标识。一般常用该颜色。

②"真彩色"选项卡 使用24位颜色定义显示1600万种颜色。指定真彩色时，可以使用RGB或HSL颜色模式。

③"配色系统"选项卡 使用标准Pantone配色系统设置图层的颜色。

图 5-6

5.2.2 图形颜色的应用

（1）图层颜色的设置 图层颜色的设置可以在"图层特性管理器"对话框中点击色彩块进行设置，也可在物体属性工具栏上进行设置。单击图层色彩选项，直接选择某一颜色便可进行设置，若索引颜色不能满足需求，还可点击"真彩色"或"配色系统"，如图5-5所示。

（2）图层颜色的更改 图层颜色更改与颜色设置一样，如果图层的色彩设置是"Bylayer"，则颜色更改后，图层中的图形颜色会同时更改。但若在物体属性栏中直接更改颜色，则更改颜色以前所画的图形颜色不会跟着更改，而以后的图形将与更改后的颜色一致。若要将更改以前的图形颜色也进行更改，只要选中图形对象，便可更改其色彩设置。

5.3 图层的线型

制图时经常使用不同的线型，如虚线、点划线、中心线等，一般来说，线型都是由一些线段、点、空格组合起来的。一种复杂的线型是一些符号的组合。一个线型的名字和定义描述了其段与点的组合、段和空格的关系。如果需要使用一种线型，可以从"加载或重载线型"库中加载该线型，如图5-6所示。

图 5-6

5.3.1 线型的加载与命名

（1）线型的加载 在AutoCAD中，可以给层设定线型，为新创建的对象设置当前线型（包括BYLAYER和BYBLOCK），修改已有对象的线型。如果想把图形中的对象绘成某一种线型，则必须把这种线型设置为当前线型。设置了当前线型后，所画的每一个对象都会是这种线型。在"加载或重载线型"对话框中，如图5-6所示，选择一个线型后点击"确定"按钮，该线型的名称即在"线型管理器"一栏中出现，同时在物体属性工具栏中也显示出来。

（2）重新命名线型 有时会为了更好地利用一种线型而对它进行重新命名。这种操作可以在绘图期间的任何时候进行。在对线型进行重新命名的时候，在图形中只保留了其定义，而线型库中的名字不会因名字的改动而更新。但不能对BYLAYER、BYBLOCK、CON-

图 5-7

TINOUS 或外部参考的线型进行重新命名。

点击下拉菜单"格式"/"线型",弹出"线型管理器"面板,选择想要重新命名的线型,选择并激活名字编辑,输入一个新的名字。或单击"显示细节"按钮显示详细信息,如图 5-7 所示,在"名称"中输入新的名字。

线型以名字和描述来归类,线型分类之后,BYLAYER 和 BYBLOCK 总是列于表头。如果是按名字分类的话,可以是按字母顺序排列,也可以是按字母顺序反向排列。

5.3.2 线型的显示与修改

(1) 显示线型 AutoCAD 中的线型与大多数对象都有关系,除了文本、点、视口线、射线、三维多段线、块等对象外。如果是一条线太短而不能显示线型,则以一条连续线表示。

(2) 显示多段线的线型 对于一条二维多段线,可以指定每一段是否按中心显示或在整个长度上连续,用系统变量 PLINEGEN 来设置(值为 1 显示二维多段线为连续,值为 0 则每一段以中心显示)。一种线型在图中如何显示就会如实打印出来。

(3) 线型的删除 在绘图期间,可以删除一些不必要的线型。但 BYLAYER、BY-BLOCK、CONTINUOUS、当前线型、外部参考线型不能删除。同样,被块定义成参考的线型,即使没有被任何对象使用也不能被删除。如果是一种线型在"线型管理器"中被删除,同时也从图形中删除,但是不会在"加载或重载线型"库文件中删除。

(4) 线型的描述 一般的线型都可沿用其原有的相关描述,有时为了识别也可以在"线型管理器"对话框,"显示细节"项的"说明"栏中输入新的描述,如图 5-7 所示。

5.3.3 线型过滤器

在线型管理器中,可以使用一个或多个特性来定义过滤器,从而显示线型,一般有 3 种方法可以过滤:显示所有线型、显示所有使用的线型、显示所有依赖外部参照的线型。即过滤线型是根据其是否被利用或是被外部参考。

5.3.4 线型比例

可以为创建的对象指定线型比例,比例越小,每单位长度内的结构数越多。在隐含条件下,AutoCAD 用的是通用的线型比例系数 1.0,也就是和绘图单位相同。但有时图形比较大时,用缺省比例系数较小,任何一种线型都呈连续的实线,此时就必须更改其比例设置。

更改的方法:在"线型管理器"中,点击"显示细节"按钮。在"全局比例因子""当前对象缩放比例"中重新输入比例系数。

5.4 图层的线宽

在设计绘图中,属性不同的物体其线宽不同,如粗实线表示可见轮廓线、剖面线,细实线用于尺寸线、引出线、图例线等。同时,对于不同的层赋予不同的线宽,可以表现不同的效果,也可区别不同的对象和不同类型的信息。

被赋予线宽的对象会以确切的宽度值打印出来。线宽值包括标准设置"BYLAYER""BYBLOCK"和"默认"。这个值的显示有毫米和英寸两种单位,其隐含设置为毫米。在层中，线宽的隐含设置为"默认"。

在命令行中输入"LW"命令，程序弹出"线宽设置"对话框，如图5-8示。如果线宽设置为0，则在模型空间中显示为一个像素点或是当前指定打印机能够打印的最小宽度。缺省线宽为0.25mm。

图 5-8

在AutoCAD中，设置了线宽后，应在状态栏中打开"线宽"按钮，或在"线宽设置"对话框中勾选"显示线宽"，否则，线宽在视图中不会显示，图5-9所示。打开"线宽"按钮后，设置的线宽才显示出来，如图5-10所示。

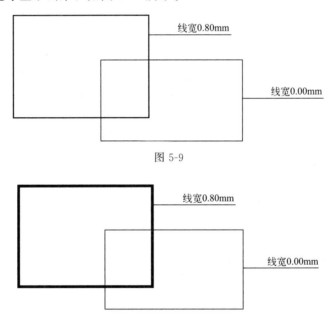

图 5-9

图 5-10

6 文本注释与尺寸标注

进行设计时，不仅要绘制出各种形状的图形，还要标注出图形的具体尺寸、写出说明书、技术要点及相关的做法等注释性文本，因此，标注与文本在图形中传达着非常重要的信息，是图形绘制中不可缺少的一个重要组成部分。

6.1 文本注释

文本传递了很多的设计信息，它可以是一个很复杂的说明、块的标题、一个标注或者是图形的一部分。在 AutoCAD 中，程序针对不同的需要提供了单行文本、多行文本两种文本输入的方法。对于简短的文本信息，可以使用单行文本；对于较长的文本信息，则可应用多行文本输入的方式。

6.1.1 单行文本的输入

（1）功能　对于比较短的一个文本信息，使用"单行文本"创建，不需要使用多行文本编辑器。单行文本能够方便地对图形对象进行标注。每一个单行文本作为一个对象可以单独修改文本样式、字高、旋转角度和对齐方式等。

（2）激活

下拉菜单："绘图"/"文字"/"单行文字"

命令行：DT（DTEXT）

（3）命令选项　在命令行中输入 DT 命令，命令提示行有如下信息提示：

命令：dt

当前文字样式："Standard"　文字高度：258.6812　注释性：否

指定文字的起点或 [对正（J）/样式（S）]：

指定高度 <258.6812>：300

指定文字的旋转角度 <0>：

在屏幕上输入文字。

其他两项命令的含义如下：

① 对正（J）　此选项用来确定所标注文本的排列方式，包括对齐（A）、布满（F）、居中（C）、中间（M）、右对齐（R）、左上（TL）、中上（TC）、右上（TR）、左中（ML）、正中（MC）、右中（MR）、左下（BL）、中下（BC）、右下（BR）等，输入相关命令后根据提示进行操作。其中"对齐（A）"命令，可确定文本串的起点和终点，AutoCAD 调整宽度系数以使文本适于放在两点间，且文本行的倾斜角度由两点间的连线确定，字高、字宽根据两点间的距离、字符的多少以及文字的宽度因子自动确定。

② 输入样式　可以键入标注文本时所使用的字体式样名字，也可键入"?"，显示当前

已有的字体式样。

（4）操作技巧　用单行文本输入具有直接、快速、简单的特点，一般在制图时多用单行文本输入文字注释、说明等，但其缺点是一旦修改了字体后，以前所标注的字体会全部发生更改。因此，如果要更改字体的话，必须重新创建一个字体样式。

6.1.2　多行文本的输入

（1）功能　多行文本是由很多行文本或段落组成的单一文本对象，对于较长、复杂的文本信息，可以用多行文本（MTEXT）创建。

（2）激活

下拉菜单："绘图"/"文字"/"多行文字"

工具栏：鼠标单击创建工具栏上的 **A** 图标

命令行：T（MTEXT）

（3）命令选项　用鼠标单击创建工具栏上的图标 **A** 或在命令行中输入 T 命令，命令提示行有如下信息：

命令：T

MTEXT 当前文字样式："Standard" 文字高度：2.5 注释性：否

指定第一角点：

指定对角点或 [高度（H）/对正（J）/行距（L）/旋转（R）/样式（S）/宽度（W）/栏（C）]：

（确定文本的第二个角或输入其他命令选项）

确定第二个角后，程序弹出文本输入对话框，输入想要输入的文本即可。

6.1.3　文本样式的设置

（1）功能　文字样式是控制图形中文字外观与命名的设置组。如果定义了多个文字样式，可以为具体文字对象快速选择所需文字样式，从而自动指定诸如字体或高度等属性。通过创建和使用文字样式，可以控制文字的外观。

（2）激活

下拉菜单："格式"/"文字样式"

命令行：ST（Text Style）

（3）命令选项　单击"格式"下拉菜单中的"文字样式"，或在命令行中输入"ST"命令，AutoCAD 将弹出"文字样式"对话框，如图 6-1 所示。

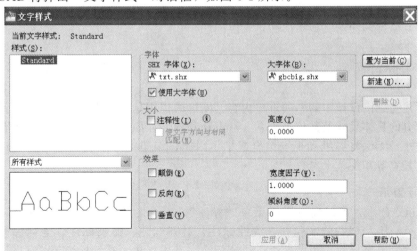

图 6-1

对话框中各选项的含义如下：

① 样式名称　一般以 Standard（标准）为主，也可以自己创建样式名称，特别是用单行文本输入又想更改字体时必须增加样式，否则以前的文字也会发生更改。增加样式后，可以用"重命名"进行重新命名，或"删除"没有使用过的字体。

② 字体名称　AutoCAD 中提供了很多字体，设计中常用的是中文字体，如仿宋GB2312、黑体、隶书等。

③ 字体式样　一般以"常规"为主。

④ 字高　字高的设置以绘图时所用的比例有关，如按真实比例画图（1：1），一般字高800～1000，当然，字高的大小由设计者根据需要而定。

⑤ 效果　字体效果包括"颠倒""反向""垂直""宽度因子""倾斜角度"等。

6.1.4　文本的编辑

（1）功能　文本的编辑主要是指对单行或多行文本进行移动、旋转、删除、拷贝、镜像等操作。

（2）激活

下拉菜单："修改"/"对象"/"文字"/"编辑"

命令行：ED（DDEDIT）

（3）命令选项　点击下拉菜单"修改"/"文字"/"编辑"，或在命令行中输入"ED"命令，命令提示行提示选择要编辑的文本。若选择单行文本，则可直接在屏幕上对文字进行删除、增加、修改等操作，而对样式和特性只能用"文字样式"进行更改。若选择多行文本，则程序弹出如图 6-2 所示的"文字格式"对话框，在此对话框中，可以对样式、字体、字高、颜色、对齐方式等各项内容进行重新设置。

图 6-2

（4）操作技巧　打开其他图形文件时，文件有时会出现所有的汉字全部变成了"？"号，主要是由于字体样式不符，此时只要找到该字体样式，并将其设置为想用的字体，重新生成后即可更改。或重新设置一个字体样式，在绘图区域内写几个字，用"MA"（属性匹配工具）命令将其属性匹配给其他字体即可解决问题。

6.2　尺寸标注

尺寸标注是绘图设计中的一项重要内容。图形的作用是表现物体的形状，而尺寸则是表现物体各部分的具体尺寸及其相互关系。从设计到施工，如果没有尺寸，施工人员便无法把握图形的大小，无法将图纸和现场结合起来。因此，作图中必须在图纸上注明对象间的距离、角度、长宽等相关技术参数。

6.2.1　标注方法

在 AutoCAD 中，可以通过下拉菜单"标注"，或点击"标注工具栏"图标进行标注，如图 6-3 所示，从左至右依次包括：线性标注、对齐标注、弧长标注、坐标标注、半径标注、折弯标注、直径标注、角度标注、快速标注、基线标注、连续标注等。

图 6-3

6.2.2 标注尺寸组成

尽管标注在类型和外观上多种多样，但绝大多数标注都包含尺寸文字、尺寸线、尺寸箭头、尺寸界线和圆心标记，如图 6-4 所示。

（1）尺寸文字　表明实际测量值。由 AutoCAD 自动计算出的测量值，提供自定义的文字或完全不用文字。如果使用生成的文字，则可以附加公差、前缀和后缀。

（2）尺寸线　表明标注的范围。尺寸线的末端通常有箭头，指出尺寸线的起点和端点。标注文字沿尺寸线放置，尺寸线有时被分割成两条线。AutoCAD 通常将尺寸线放置在测量区域中。如果空间不足，AutoCAD 将尺寸线或文字移到测量区域的外部，具体情况取决于标注样式的放置规则。对于角度标注，尺寸线是一段圆弧。

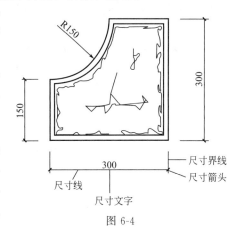

图 6-4

（3）尺寸箭头　箭头显示在尺寸线的末端，用于指出测量的开始和结束位置。AutoCAD 缺省使用闭合的填充箭头符号。同时，AutoCAD 还提供了多种符号可供选择，包括建筑标记、小斜线箭头、点和斜杠，也可以创建自定义符号。一般常用斜杠。

（4）尺寸界线　从被标注的对象延伸到尺寸线。尺寸界线一般要垂直于尺寸线，也可将尺寸界线倾斜放置。

（5）圆心标记　标记圆或圆弧的圆心。中心线从圆心向外延伸。可以只使用圆心标记，也可以同时使用圆心标记和中心线。

6.3 尺寸标注命令

AutoCAD 提供了共 11 种尺寸标注命令，可以通过下拉菜单"标注"、尺寸工具栏或命令行中输入命令等方式进行尺寸标注。在标注尺寸前，必须选择一种尺寸样式，如果不进行样式选择，采用当前样式。

6.3.1 线性标注

（1）功能　当标注直线尺寸时，AutoCAD 可以根据尺寸的位置自动建立水平或垂直尺寸，也可以预先指定标注的类型，一般直线标注的缺省标注为水平。在建立水平或垂直标注时，可以修改尺寸线角度、文本内容及其角度。

（2）激活

下拉菜单："标注"/"线性"

工具栏：鼠标单击标注工具栏上┠线性标注图标

命令行：DLI（DIMLINEAR）

（3）命令选项　用鼠标单击标注工具栏上的┠线性标注图标或在命令行中输入 DLI 命令，命令提示行有如下信息提示：

命令：DLI

指定第一条延伸线原点或 ＜选择对象＞： （确定尺寸界线的起始点或直接回车）

指定第二条延伸线原点： （确定尺寸界线的第二点）

创建了无关联的标注 （确定尺寸线的位置或输入其他选项）

指定尺寸线位置或

［多行文字（M）/文字（T）/角度（A）/水平（H）/垂直（V）/旋转（R）］： （其他选项）

标注文字＝492.82 （尺寸文本）

其他选项的含义如下：

① 多行文本 输入 M 后，AutoCAD 弹出如图 6-2 所示的对话框，此时，可以更改测量值或增加文本内容，如图 6-5 中的（1）。

② 单行文本 输入 T 后，可以在命令提示行中输入新的数值或文本，如图 6-5 中的（2）。

③ 角度 确定尺寸文本的放置角度，如图 6-5 中的（3）。

④ 水平 标注水平型尺寸，如图 6-5 中的（4）。

⑤ 垂直 标注垂直型尺寸，如图 6-5 中的（5）。

⑥ 旋转角度 确定尺寸线旋转的角度。如图 6-5 中的（6）。

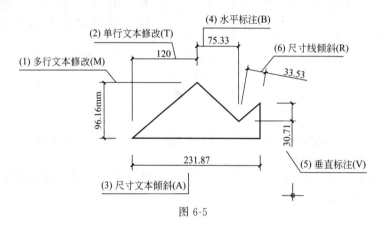

图 6-5

6.3.2 对齐标注

（1）功能 平行标注也称作真实尺寸标注，是与标注点平行的直线尺寸。主要标注线的实际长度。

（2）激活

下拉菜单："标注"/"对齐"

工具栏：鼠标单击标注工具栏上的 图标

命令行：DAL（Dimaligned）

（3）命令选项 用鼠标单击标注工具栏上的 图标或在命令行中输入"DAL"命令，命令提示行有如下信息提示：

命令：DAL

指定第一条延伸线原点或 ＜选择对象＞： （直接回车）

指定第二条延伸线原点创建了无关联的标注： （选择测量的物体）

指定尺寸线位置或

［多行文字（M）/文字（T）/角度（A）］ （确定尺寸线的位置或输入选项）

标注文字＝150 （测量数值）

选择对象的两点后可直接标注出真实尺寸，其他各选项的含义与线性标注相同。如图 6-6 所示。

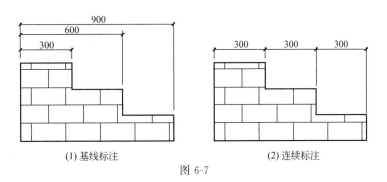

图 6-6

6.3.3 基线标注和连续标注

（1）功能　基线标注是相对同一基准点进行的多重标注。连续标注则是按端点进行的多重标注。两者在标注前都应先有一个直线、坐标或角度尺寸。两者的激活、命令选项基本相似，本节以基线标注为主进行讲解。

（2）激活

下拉菜单："标注"/"基线"　　（基线标注）

工具栏：用鼠标单击标注工具栏上的 图标

命令行：DBA　（Dimbaseline）

（3）命令选项　在命令行中输入 DBA 命令，AutoCAD 提示直接确定第 2 引出点位置，即可标注出尺寸。如图 6-7(1) 所示。如果在命令行中输入 DCO 命令（连续标注），Auto-CAD 以原始尺寸的第 2 定义点作为连续尺寸的原点，提示输入连续尺寸的第 3 定义点。如图 6-7(2) 所示。

(1) 基线标注　　　　　　　　(2) 连续标注

图 6-7

6.3.4 半径和直径标注

（1）功能　半径和直径标注是对圆弧或圆进行半径或直径标注。两者的激活、命令选项基本相似，以半径标注为主进行讲解。

（2）激活

下拉菜单："标注"/"半径标注 "（半径标注）

工具栏：鼠标单击标注工具栏上的 图标

命令行：DRA（Dimradius）

（3）命令选项　在命令行中输入 DRA 命令，选择需要标注的圆或圆弧，命令提示行有如下信息：

命令：dra

选择圆弧或圆：

标注文字＝200

指定尺寸线位置或 ［多行文字(M)/文字(T)/角度(A)］：

其他选项的含义：

① 多行文本　可以通过多行文本编辑器对尺寸文本进行编辑。

② 文本　可以在命令行对尺寸文本进行编辑。

③ 角度　可输入尺寸文本倾斜的角度。

半径和直径的标注如图 6-8 所示。

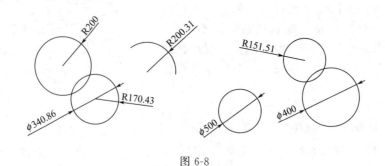

图 6-8

6.3.5　圆心或中心线标记

（1）功能　可以指定圆或圆弧的中心采用中心标记还是中心线，也可对中心标记和中心线进行设置。

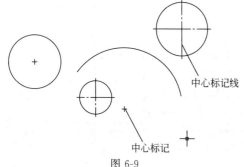

中心标记线

中心标记

图 6-9

（2）激活

下拉菜单："标注"/"圆心标记"

工具栏：鼠标单击标注工具栏上的 ⊕ 图标

命令行：DCE　（Dimcenter）

（3）命令选项　在命令行中输入 DCE 命令，选择需要标记的圆或圆弧，结果如图 6-9 所示。

注：在"尺寸样式设置"对话框中对中心标记或中心线进行设置，既可以改变其中新标记的大小，也可以打开或关闭中心标记和中心线。

6.3.6　角度标注

（1）功能　角度标注是对圆或圆弧所张成的角度、两直线间或三点间所成角度进行的标注。

（2）激活

下拉菜单："标注"/"角度"

工具栏：鼠标单击标注工具栏上的 △ 图标

命令行：DAN　（Dimangular）

（3）命令选项　在命令行中输入 DAN 命令，命令提示行中有如下信息提示：

命令：DAN

选择圆弧、圆、直线或 <指定顶点>：　　　　　　　　（选择物体或确定顶点）

指定角的第二个端点：　　　　　　　　　　　　　　（选择角度的第二条线）

指定标注弧线位置或 [多行文字（M）/文字（T）/角度（A）/象限点（Q）]：

　　　　　　　　　　　　　　　　　　　（确定尺寸线的位置或输入其他选项）

标注文字＝40　　　　　　　　　　　　　　　　　　（尺寸文本）

（4）实例　选择直线、圆、圆弧分别进行标注，如图 6-10 所示。

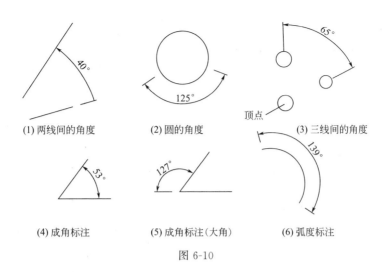

(1) 两线间的角度   (2) 圆的角度   (3) 三线间的角度

(4) 成角标注   (5) 成角标注（大角）   (6) 弧度标注

图 6-10

（5）操作技巧　选定一个圆，然后指定圆上的第二点，即可进行标注；选定一个圆弧，可直接进行标注；对圆弧、圆或三点间进行角度标注时，应先确定顶点，然后再确定角度的两条边线。

6.3.7　坐标标注

（1）功能　坐标说明图形中的某特征点（如建筑各个角坐标点）相对于原点（或某标准点）在垂直方向上的距离。坐标标注可以保证特征体的准确性。一般情况下，AutoCAD 按当前坐标系计算各坐标值。当然，也可根据地形图的经纬度坐标或已确定的坐标点的坐标设置原点位置。

（2）激活

下拉菜单："标注"/"坐标"

工具栏：鼠标单击标注工具栏上的 图标

命令行：DOR　　（Dimordinate）

（3）命令选项　在命令行中输入 DOR 命令，命令提示行中有如下信息提示：

命令：DOR

指定点坐标：

指定引线端点或 [X 基准（X）/Y 基准（Y）/多行文字（M）/文字（T）/角度（A）]：X

指定引线端点或 [X 基准（X）/Y 基准（Y）/多行文字（M）/文字（T）/角度（A）]：M

用坐标标注 X、Y 的坐标值，在引出坐标标注前，用"多行文字"进行编辑，如在坐标值前加"X="或"Y="，如图 6-11 所示。

（4）操作技巧

① 坐标点　坐标标注与坐标原点或用户坐标原点有直接关系，要将世界坐标与现实中的坐标结合起来，可以用 UCS 命令重新设置坐标原点。

② 比例　坐标标注的结果与作图的比例相关，一般绘图的比例应尽量以真实尺寸（毫米）进行绘制，即 1∶1 的比例作图，这样会给作图带来很大方便。

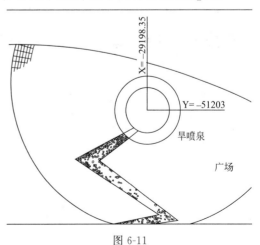

图 6-11

6.3.8 引线和注释

（1）功能　引线是连接注释与图形对象的一条线，注释通常为文本说明、块引用或特征控制框等。引线与注释相关，即修改注释将更新引线。引线可以是一条直线段或光滑样条曲线。

（2）激活

下拉菜单："标注"/"引线"

工具栏：鼠标单击标注工具栏上的 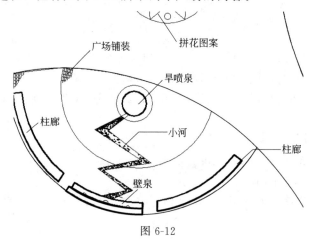 图标

命令行：LE　（Qleader）

（3）命令选项　在命令行中输入 LE 命令，命令提示行中有如下信息提示：

命令：LE

指定第一个引线点或［设置(S)］＜设置＞：

指定下一点：　　　　　　　　　　　　　　　　（确定引线的第一点）

指定下一点：　　　　　　　　　　　　　　　　（确定引线的第二点）

指定文字宽度＜0＞：200　　　　　　　　　　　（确定文本宽度）

输入注释文字的第一行＜多行文字（M）＞：　　　（按回车输入文本内容）

按照以上操作过程，注释如图 6-12 所示的小广场的内容。

图 6-12

其他命令选项如下：

设置（S）：输入 LE 命令后，输入"S"命令选项，程序将弹出如图 6-13 所示的对话框，在该对话框内可对引出线的相关内容进行设置，包括"注释""线与箭头""附着"。

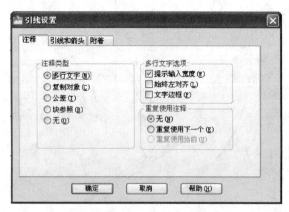

图 6-13

（4）操作技巧　在用引出线进行注释时，可以直接用画线工具和文字工具进行注释，有时比用引出线注释更直接。

6.3.9 快速标注

（1）功能　采用快速标注可以对多个对象同时进行标注。

（2）激活

下拉菜单："标注"/"快速标注"

工具栏：鼠标单击标注工具栏上的 图标

命令行：QDIM

（3）命令选项　用鼠标单击标注工具栏上的 图标或在命令行中输入 QDIM 命令，命令提示行中有如下信息提示：

命令：_ qdim

选择要标注的几何图形：找到 1 个　　　　　　　　　　　　　　（选择物体）

选择要标注的几何图形：　　　　　　　　　　　　　　　（回车确定物体）

指定尺寸线位置或［连续（C）/并列（S）/基线（B）/坐标（O）/半径（R）/直径（D）/基准点（P）/编辑（E）/设置（T）］＜连续＞：　　　　　（确定尺寸线的位置或输入命令选项）

用快速标注选择物体后，按回车键可直接以缺省设置进行快速标注。

6.4　标注编辑

6.4.1　标注尺寸编辑

（1）功能　对已经标注的尺寸进行修改，如旋转、修改或恢复标注文字，更改延伸线的倾斜角。

（2）激活

工具栏：鼠标单击标注工具栏上的 图标

命令行：DED（DIMEDIT）

（3）命令选项　用鼠标单击标注工具栏上的 图标或在命令行中输入 DED 命令，命令提示行中有如下信息提示：

命令：DED

输入标注编辑类型［默认（H）/新建（N）/旋转（R）/倾斜（O）］＜默认＞：R

指定标注文字的角度：10

选择对象：

依次执行各选项的命令，尺寸修改结果如图 6-14 所示。

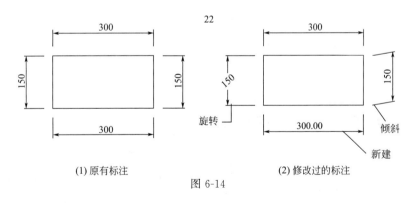

(1)原有标注　　　　　　　　　　　(2)修改过的标注

图 6-14

6.4.2　标注文字编辑

（1）功能　可以修改现有标注文字的位置和方向，或者替换为新文字，将文字移动到新位置或返回其初始位置，后者由当前标注样式定义。

（2）激活

工具栏：鼠标单击标注工具栏上的 图标

命令行：DIMTEDIT

（3）命令选项　用鼠标单击标注工具栏上的 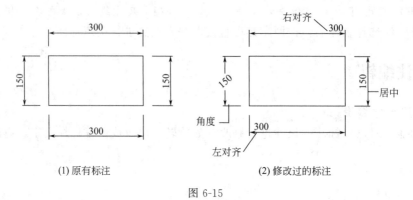 图标或在命令行中输入 DIMTEDIT 命令，有如下信息提示：

命令：_dimtedit

选择标注：　　　　　　　　　　　　（选择文本）

为标注文字指定新位置或［左对齐(L)/右对齐(R)/居中(C)/默认(H)/角度(A)］：

　　　　　　　　　　　　　　　　（确定尺寸文本的新位置或输入各选项命令）

输入各选项命令后，尺寸文本修改的结果如图 6-15 所示。

(1) 原有标注　　　　　　　　　　(2) 修改过的标注

图 6-15

6.5　尺寸标注样式

在建立尺寸前，首先应选择一种尺寸样式，如果不进行设置，尺寸采用缺省样式 ISO-25。

6.5.1　标注样式设置

标注样式控制标注的格式和外观，用标注样式可以建立和强制执行图形的绘图标准，标注修改易于操作。标注样式定义了如下项目：

① 尺寸线、尺寸界线、箭头和圆心标记的格式和位置；

② 标注文字的外观、位置和对齐方式；

③ AutoCAD 放置文字和尺寸线的管理规则；

④ 标注比例；

⑤ 主要单位、换算单位和角度标注单位的格式和精度；

⑥ 公差值的格式和精度。

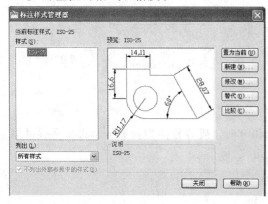

图 6-16

6.5.2　创建标注样式

（1）激活

下拉菜单："格式"/"标注样式"

工具栏：鼠标单击标注工具栏上的 图标

命令行：D（DIMSTYLE）

（2）命令选项　在命令行中输入 D 命令，程序弹出图 6-16 所示的"标注样式管理器"对话框，该对话框除了用于创建新样式外，还可以执行其他许多样式管理任务。

其各项命令含义如下：

① **设置当前**　将新建或修改的样式设置为当前。

② **新建**　选择"新建"将打开图 6-17 所示"创建新标注样式"对话框。在编辑框中输入新样式名。在"基础样式"下拉框中选择要用作新样式的起点样式。如果没有创建样式，将以标准样式 ISO-25 为基础创建新样式。然后，在"用于"下拉框中指出要使用新样式的标注类型，缺省设置为"所有标注"，选择"继续"打开"新建标注样式"对话框。如图 6-18 所示。

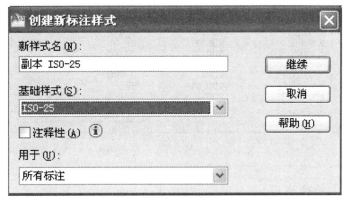

图 6-17

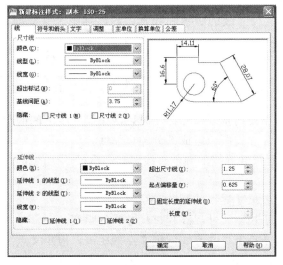

图 6-18

③ **修改**　点击该选项修改当前的标注样式，弹出"修改标注样式"对话框，内容与图 6-18 所示的"新建标注样式"对话框一致。

④ **替代**　通过样式替代个别尺寸，取消延伸线、修改文本、箭头位置以避免重叠，而不必建立不同的尺寸样式。

⑤ **比较**　以对比形式显示两种尺寸样式的不同参数，如果选择了同一样式，则显示为该样式的所有参数，如图 6-19 所示。

⑥ **标注样式的设置**　新建、修改和覆盖，都用到如图 6-18 所示的"新建标注样式"对话框，其设置主要内容包括线、符号和箭头、文字、调整、主单位、换算单位、公差等。

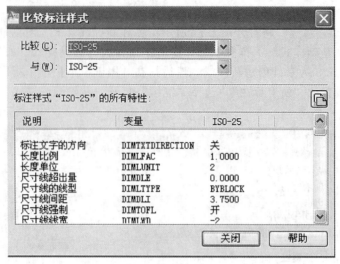

图 6-19

6.5.3　设置直线和箭头格式

使用"新建标注样式"对话框中的线、符号和箭头选项卡设置尺寸线、尺寸界线、箭头和圆心标记的格式，如图 6-18 所示。

（1）尺寸线　可设置尺寸线的颜色和线宽、超出标记、基线间距，控制是否隐藏尺寸线，如图 6-18 所示，各项设置含义如下：

① 颜色、线型、线宽　用于设置尺寸线的颜色、线型、线宽。

② 超出标记　用于控制在使用倾斜、建筑标记、积分箭头或无箭头时，尺寸线延长到尺寸界线外面的长度。一般不用设置。

③ 基线间距　指控制使用基线尺寸标注时，两条尺寸线之间的距离。基线标注时设置。

④ 隐藏　用于控制尺寸线两个组成部分的可见性。

（2）延伸线　可设置尺寸界线的颜色、线宽、超出尺寸线的长度和起点偏移量，控制是否隐藏尺寸界线。

① 颜色和线宽　设置尺寸界线的颜色和线宽。

② 超出尺寸线　用于控制尺寸界线越过尺寸线的距离。

③ 起点偏移量　用于控制尺寸界线到定义点的距离，但定义点不会受到影响。

图 6-20

④ 隐藏　用于控制第一条和第二条尺寸界线的可见性，定义点也不受影响。

（3）箭头区　用于选择尺寸线、引线的箭头种类及大小，一般用"建筑标记"或"倾斜"，如图 6-20 所示。

（4）圆心标记　用于控制圆心标记的类型和大小，包括"无""标记""直线"。

（5）弧长符号、折弯标注　弧长符号的位置包括标注文字的前缀、上方，或没有弧长符号。折弯包括半径折弯和线性折弯，可以设置折弯角度和折弯高度因子。

6.5.4 设置标注文字样式

用"标注样式管理器"对话框中的"文字"选项卡可以设置文字的外观、位置和对齐方式，如图 6-21 所示，包括文字外观、文字位置和文字对齐。

(1) 文字外观 用于设置文字的"样式""颜色""高度"和"分数高度"比例，以及控制是否绘制文字边框。其中，利用文字高度，对应于系统变量编辑框可设置当前标注文字样式的高度。"分数高度比例"用于设置标注分数和公差的文字高度，AutoCAD 把文字高度乘以该比例，用得到的值来设分数和公差的文字高度。该值存储在系统变量 DIMTFAC 中。一般以文字样式（ST）设置的文字为主，这样更便于编辑。

(2) 文字位置 控制文字的垂直、水平位置以及从尺寸线偏移距离的设置。

① 垂直 控制标注文字相对于尺寸线的垂直位置，一般设位置为"上"。

② 水平 控制标注文字在尺寸线方向上相对于尺寸线的水平位置，一般设置为"居中"。

③ 观察方向 文字、尺寸观察的方向，一般"从左到右"。

(3) 文字对齐 该区控制标注文字是保持水平还是与尺寸线平行，如图 6-21 所示。包括如下选项：

① 水平 沿 X 轴水平放置文字，不考虑尺寸线的角度。

② 与尺寸线对齐 文字与尺寸线对齐。一般采用此项。

③ ISO 标准 当文字在尺寸界线内时，文字与尺寸线对齐。当文字在尺寸界线外时，文字水平排列。

图 6-21

图 6-22

6.5.5 调整

选择对话框中的"调整"选项卡，结果如图 6-22 所示。可利用该选项卡控制标注文字、箭头、引线和尺寸线的位置，包括调整选项、文字位置和标准特征比例。

(1) 调整选项 该选项根据尺寸界线之间的空间控制标注文字和箭头的放置，当两条尺寸界线之间的距离足够大时，AutoCAD 总是把文字和箭头放在尺寸界线之间；否则，AutoCAD 按此处的选择移动文字或箭头。各选项的含义如下：

① 文字或箭头（最佳效果） AutoCAD 自动选择最佳放置，这是缺省选项。

② 箭头 如果空间足够放下箭头，AutoCAD 将箭头放在尺寸界线之间，而将文本放在尺寸界线之外。否则，将两者均放在尺寸界线之外。移动尺寸文本时，尺寸界线自动移动。

③ 文字 如果空间足够，AutoCAD 将文本放在尺寸线之间，并将箭头放在尺寸界线之外，否则将两者均放在尺寸界线之外。移动尺寸文本时，尺寸界线自动移动。

④ 文字和箭头　如果空间不足，系统将尺寸文本和箭头放在尺寸界线之外。移动尺寸文本时，尺寸界线自动移动。

⑤ 文字始终保持在尺寸界线之间　总将文字放在尺寸界线之间。

⑥ 若不能放在尺寸界线内，则消除箭头复选框　如果不能将箭头和文字放在尺寸界线内，则隐藏箭头。

（2）文字位置　设置标注文字的位置，标注文字的默认位置是位于两尺寸界线之间，当文字无法放置在缺省位置时，可通过此处选择设置标注文字的放置位置。各选项的含义如下：

① 尺寸线旁边　文字放在尺寸线旁边。

② 尺寸线上方，加引线　文字放在尺寸线的上方，加引线。

③ 尺寸线上方，不加引线　文字放在尺寸线的上方，不加引线。

（3）标注特征比例　用于设置全局标注比例或图纸空间比例，包括"将标注缩放到布局"和"使用全局比例因子"。

① 将标注缩放到布局　根据当前模型空间视口和图纸空间之间的比例确定比例因子。

② 使用全局比例因子　用于设置尺寸元素的比例因子，使之与当前图形的比例因子相符。一般设置为1。

（4）优化　优化包括手动放置文字和在延伸线之间绘制尺寸线。

① 手动放置文字　根据需要手动放置标注文字。除特殊情况，一般较少应用。

② 在延伸线之间绘制尺寸线　无论AutoCAD是否把箭头放在测量点之外，都在测量点之间绘制尺寸线。

6.5.6　设置标注主单位

AutoCAD提供了多种方法设置标注单位的格式，可以设置单位类型、精度、分数格式和小数格式，还可以添加前缀和后缀，如图6-23所示。

（1）线性标注　设置线性标注的格式和精度，包括单位格式、精度、分数格式、小数分隔符等。

① 单位格式　除了角度之外，可设置所有标注类型的单位格式。包括科学、小数、工程、建筑、分数和Windows桌面。一般选择"小数"格式。

② 精度　设置标注尺寸保留的小数位数。一般要求到2位小数。

③ 分数格式　设置分数的格式。只有当"单位格式"选择了"分数""建筑"格式才有效。可选择的选项包括水平、对角和非堆叠。

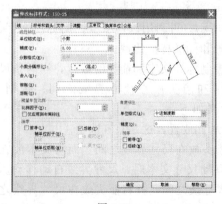

图 6-23

④ 小数分隔符　设置十进制数的整数部分和小数部分间的分隔符，可供选择的选项包括句点、逗点或空格。一般选择句点。

⑤ 舍入　将测量值舍入到指定值。一般舍入值为0.05。

⑥ 前缀及后缀　编辑框用于设置放置在标注文字前、后的文本。若使用的单位不是mm，则此处可设置单位，如m、km等。该符号将覆盖AutoCAD生成的前缀，如直径和半径符号。

（2）测量单位比例　可设置比例因子以及控制该比例因子是否仅应用到布局标注。

① 比例因子　设置除了角度之外的所有标注测量值的比例因子。AutoCAD 按照比例因子放大标注测量值，如比例因子为 10，则图的 10 个单位将标注为 100。

② 仅应用到布局标注　使上述比例因子仅对在布局里创建的标注起作用。对于比例作图，在布局中进行标注会非常方便。

(3) 消零　控制前导和后续的零，以及英尺和英寸里的零是否输出。

① 前导　系统不输出十进制尺寸的前导零。如 0.5000 变成 .5000。

② 后续　系统不输出十进制尺寸的后续零。如 12.5000 变成 12.5，30.0000 变成 30。

③ 0 英尺/寸　当标注测量值小于 1 英尺/寸时，不输出英尺/寸型标注中的英尺/寸部分。例如：$0'$-6 1/2″变成 6 1/2″。

(4) 角度标注　用于设置角度标注的格式。角度标注设置方法和线性标注类似，参考线性标注。

6.5.7　换算单位

换算单位转换使用不同测量单位制的标注，通常是显示英制标注的等效公制标注，或公制标注的等效英制标注。在标注文字中，换算标注单位显示在主单位旁边的方括号 [ ] 中。可以使用"修改标注样式"对话框中的"换算单位"选项卡设置换算标注单位的格式，如图 6-24 所示。

当选择"显示换算单位"时，AutoCAD 显示标注的换算单位，同时将系统变量 DIMALT 设置为 1。设置换算单位的格式、精度、舍入、前缀、后缀和消零的方法与设置主单位的方法相同。然而，有 2 个设置是换算单位独有的：

① 换算单位倍数　将主单位与输入的值相乘创建换算单位。缺省值是 25.4，乘法器用此值将英寸转换为毫米。如果标注一个 1 英寸的直线，标注显示 1.00 [25.40]，对于两英寸的直线，标注显示 2.00 [50.80]，如果添加英寸和毫米的后缀，则是 2.00″[50.80mm]。

② 位置　设置换算单位的位置，可以在主单位后面或下方。如果选择了下方，AutoCAD 将主单位放置在尺寸线的上方，将换算单位放置在尺寸线的下方。

6.5.8　将公差添加到标注

公差显示允许尺寸变化的范围。用户可以将公差作为标注文字添加到图形中，使用"公差"选项卡上的选项可设置公差的格式，如图 6-25 所示。这些公差与形位公差不同，形位公差用特性控制框显示。缺省为 None（无公差）模式。

图 6-24

图 6-25

6.6 综合练习

6.6.1 文本注释应用实例

应用文本的各样式，标注图中的材料和用法。如图 6-26 所示。

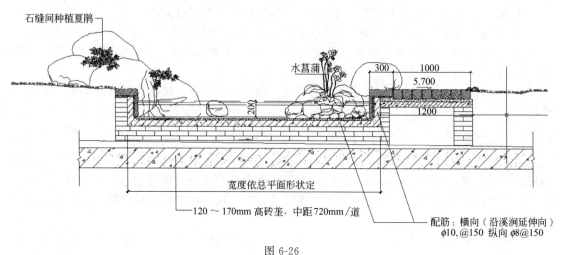

图 6-26

6.6.2 尺寸标注应用实例

应用尺寸标注的各样式及标注方法，标注图中的各形状的尺寸。如图 6-27 所示。

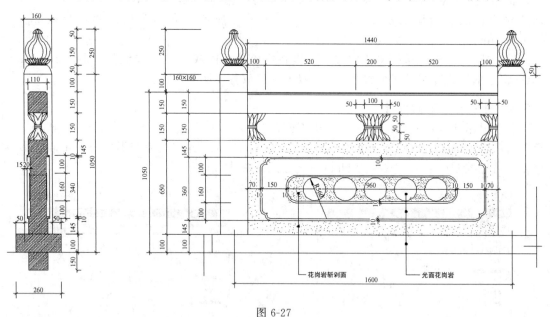

图 6-27

6.6.3 综合应用实例

应用 AutoCAD 的注释和尺寸标注命令对某一园林施工平面图进行文字说明和相关尺寸的标注。如图 6-28 所示。

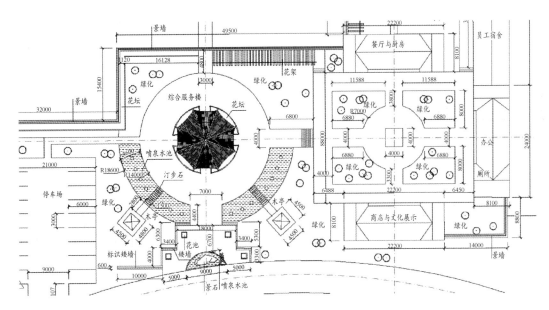

图 6-28

7 块和外部参照

块在 AutoCAD 中具有很强的功能，可以定义插入到图形中的一个或一组对象，而不必每次都从头创建相同的对象。如植物图例，只要将设计中常用的植物图例做成块后，可以在任一文件中引用，既方便了作图，风格也保持了统一。当然，更为重要的是，一个文件中可能包括多个相同的块，如需更改，只要编辑一个块，当块重新定义后，所有相同的块都会全部重新生成。因此，使用块可以减免很多重复性工作，从而提高绘图的工作效率。

外部参照则是指一幅图形对另一幅图形的参照，此时主图中仅存储了到外部参照用图形的路径。因此，如果外部图形文件被修改后，所有参照该图形文件的图形文件将自动更新。使用外部参照的目的也是为了提高工作效率，大的方案图可以分工合作完成，每人作一部分，然后用外部参照将其组合起来。

7.1 块

块是一个或多个对象形成的对象集合，这个对象集合可看成是一个单一的对象。制图中可以在图形中插入块，或对块进行比例缩放、旋转、修改等。

7.1.1 定义块

（1）功能　将一些分散的对象定义为一个组合。定义块时，我们必须指定块名、块中对象和块插入基点。

（2）激活

下拉菜单："绘图"/"块"/"创建"

命令行：B（Block）

（3）命令选项　在命令行中输入 B 命令，执行后，AutoCAD 弹出如图 7-1 所示的"块定义"对话框，包括名称、基点、对象、方式、设置等，其含义如下：

① 名称　在编辑框内输入块名。

② 基点　输入基点，可以输入基点的坐标（X，Y，Z），也可以单击"在屏幕上指定"或"直接拾取"。基点是块的组成部分，插入一个块时要指定插入点，被插入的块将以"基点"为基准，放在图形指定的位置。

③ 对象　用于确定定义块中的对象，可以直接"选择"或"快速选择"对象，选择对象以后，可以将对象"保留""转换成块"或"删除"。一般转换为块。

④ 方式　包括"注释性""按统一比例缩放""允许分解"，一般勾选后两个。

⑤ 设置　单位与绘图单位保持一致，一般设置为"毫米"。

（4）实例　制作植物图例，用圆、直线、阵列等命令创建，然后在命令行中输入 B，输入名字、选择中心点位基点，将选择的对象转换为块，如图 7-2 所示。

图 7-1

图 7-2

7.1.2 块的插入

（1）功能　植物图例的块制作完成后，要在当前图形中应用，就必须将块插入。

（2）激活

下拉菜单："插入"/"块"

工具栏：鼠标单击工具栏上的 图标

命令行：I（Insert）

（3）命令选项　在命令行中输入 I 命令，执行命令后弹出"插入"对话框，如图 7-3 所示。命令选项包括名称、插入点、比例、旋转、分解，其含义如下：

① 名称　指定要插入块的名称，或指定要作为块插入的图形文件名。可打开当前图形文件中的块，或按"浏览"按钮选择作为块插入的块（文件）名。

② 插入点　决定插入点的位置。在屏幕上用鼠标指定插入点或直接输入插入点坐标。

③ 缩放比例　决定插入块在 X、Y、Z 三个方向上的比例。在屏幕上使用鼠标指定或直接输入缩放比例。勾选"统一比例"指 X、Y、Z 三个方向上的比例因子是相同的。在插入块时不同比例设置时的结果如图 7-4 所示。

④ 旋转　决定插入块的旋转角度。在屏幕上指定块的旋转角度或直接输入块的旋转角度。

图 7-3

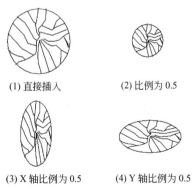

(1) 直接插入　　　　(2) 比例为 0.5

(3) X 轴比例为 0.5　　(4) Y 轴比例为 0.5

图 7-4

⑤ 分解　决定插入块时是作为单个对象还是分成若干对象。如选中该复选框，则插入的块分解。

⑥ 块单位　一般设置为"毫米"。

（4）操作技巧

① MINSERT 命令　在矩形阵列中插入一个块的多个实例。该命令实际上是将阵列命令和块插入命令合二为一的命令。不同的是阵列命令产生的每一个目标都是图形文件中的单一对象，而使用 MINSERT 命令产生的多个块则是一个整体，不能单独编辑。操作过程如下：

命令：MINSERT

输入块名或［?］：YH

单位：毫米　转换：　　　1.0000

指定插入点或［基点(B)/比例(S)/X/Y/Z/旋转(R)］：

输入 X 比例因子，指定对角点，或［角点(C)/XYZ(XYZ)］＜1＞：

输入 Y 比例因子或＜使用 X 比例因子＞：

指定旋转角度＜0＞：

输入行数(---)＜1＞：3

输入列数(｜｜｜)＜1＞：5

输入行间距或指定单位单元(---)：100

指定列间距(｜｜｜)：50

执行结果如图 7-5 所示。

② 用"定数等分"/"定距等分"来设置块　"定数等分"命令可以沿着直线、圆弧或多段线插入指定数目的块；而"定距等分"命令是以指定距离插入多个块。下面分别用两个命令将图例沿街道一边进行放置。操作过程如下：

使用"定数等分"命令：

命令：DIVIDE

选择要定数等分的对象：　　　　　　　　　（选择人行道下边线）

输入线段数目或［块(B)］：B

输入要插入的块名：YH　　　　　　　　　　（输入块名）

是否对齐块和对象？［是(Y)/否(N)］＜Y＞：　　（默认对齐）

输入线段数目：20　　　　　　　　　　　　（确定数目）

程序执行结果如图 7-6 所示，下排行道树的排列。

使用"定距等分"命令：

命令：MEASURE

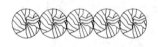

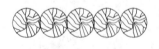

使用 MEASURE 命令进行布置（间距 5000）

使用 DIVIDE 命令进行布置（数目 20 个）

图 7-5 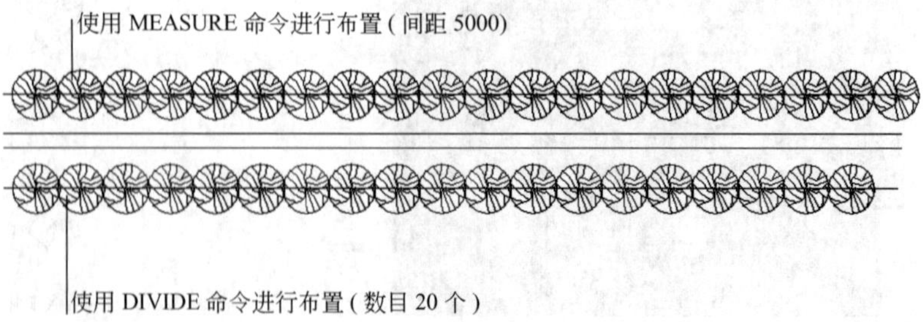　　　　　　　　　　　　　　　　　图 7-6

选择要定距等分的对象：   （选择人行道上边线）

指定线段长度或［块(B)］：B

输入要插入的块名：YH

是否对齐块和对象？［是(Y)/否(N)］＜Y＞：   （默认对齐）

指定线段长度：5000

程序执行结果如图 7-6 所示，上排行道树的排列。

7.1.3 写块

使用"块"命令定义一个块时，该块只能存储在当前图形文件中，在其他文件中无法调
用。为了能在别的文件中再次应用，可以使用"写块"命
令，该命令可将块、对象或一个完整文件写入一个图形文
件中。在命令行中输入"W"命令，弹出"写块"对话框，
如图 7-7 所示，其命令选项与块的定义相似，不一样的是
要将图形文件命名并存储到指定的位置。

图 7-7

7.1.4 块与图层

块可以由绘制在若干层上的对象组成，AutoCAD 将层
的信息保留在了块中，插入这些块时，AutoCAD 有如下
规定：

① 块插入后原来位于 0 层上的对象被绘制在当前层
上，并按当前层的颜色与线型绘出。

② 对于块中其他层上的对象，若块中有同名的图层，则块中该层上的对象绘制在图中
同名的图层上，并按图中该层的颜色与线型绘制。而其他层上的对象仍在原来的层上绘出，
并给当前图形增加相应的层。

③ 如果插入的块由多个位于不同图层上的对象组成，那么冻结某一对象所在图层后，
此图层上属于块上的对象均变得不可见，而当冻结插入块时的当前层时，不管块中各对象处
于哪一层，整个块均变得不可见。

7.1.5 块编辑

使用"块编辑器"可以编辑插入的块、改变插入块中的子对象及自动重定义所有的块的
插入。下面用"块编辑器"修改植物图例。点击下拉菜单"工具"/"块编辑器"，弹出如图
7-8 所示的"编辑块定义"面板。选择图中"YH"植物图例，单击"确定"，程序进入块编
辑窗口，如图 7-9 所示。

制作图例的阴影：拷贝一个圆，与原来的图例错开成一定的角度，并用原来的圆修剪掉
在图例上的圆弧，然后用实体填充工具进行填充得到图例的阴影，如图 7-10 所示。阴影制

使用 MEASURE 命令进行布置（间距 5000）

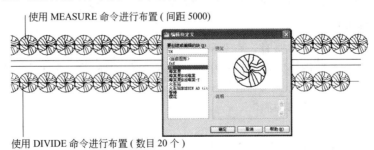

使用 DIVIDE 命令进行布置（数目 20 个）

图 7-8

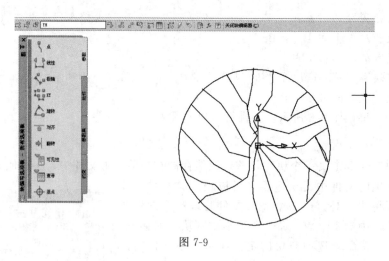

图 7-9

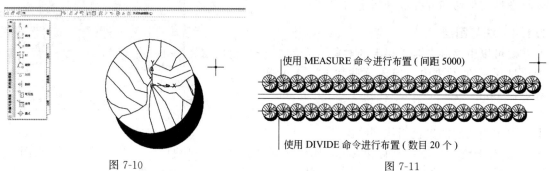

图 7-10   图 7-11

作完毕后,点击块编辑窗口工具栏上的"保存块定义",及"关闭块编辑器"按钮,此时绘图区域中所有的植物图例全部都加上了阴影,如图 7-11 所示。

7.2 外部参照

外部参照是 AutoCAD 一项强大的功能,使用它可以利用其他的图形创建组合图形。外部参照有 2 个作用:一是可以引入不必修改的标准元素(如标题块、各种标准元件);二是在多个图形中应用相同的图形数据,提高绘图效率。

插入块和外部参照具有相同的功能,不同的是引用外部图形后,只要外部图形进行修改,AutoCAD 都会自动地在它所附加或覆盖的图形中将其更新;而块一旦插入后,与原文件便没有了任何联系,这就是外部参照和块插入的显著区别。另外,外部参照不增加当前图形的大小,而块插入后便成为当前图形的一部分,增加了图形的大小。

7.2.1 插入外部参照

(1) 功能   在插入外部参照时,有 2 种外部参照类型:附着型、覆盖型。附着的外部参照,嵌入到其他外部参照图形时会在图形中显示,而覆盖的外部参照则不会显示出来。

(2) 激活

下拉菜单:"插入"/"外部参照"

命令行:XREF

(3) 命令选项   在命令行中输入 XREF 命令,系统将显示图 7-12 所示"外部参照"对话框。单击"附着"按钮,则系统将显示"附着外部参照"对话框,附着的文件包括 DWG

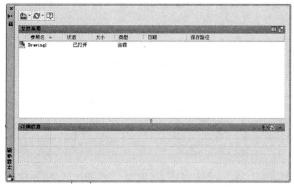

图 7-12

图 7-13

文件（外部参照）、DWF、PDF 或 DGN 参考底图以及光栅图像。

通过打开文件对话框选定文件后，单击"确定"按钮，则系统将显示图 7-13 所示"附着外部参照"对话框。可由该对话框选择参照类型：附加或覆盖，加入图形时在屏幕上指定插入点、比例、旋转角度以及路径等内容，具体如下：

① 附着型外部参照　制图时需要嵌套至少一级的外部参照时，可以使用附加型的外部参照命令。例如当图形 A 参照图形 B 时，图形 B 又参照了图形 C，则此时就可在图形 A 中将图形 B 作为附着外部参照插入，C 图在 A 图中可见。但是，附着外部参照不支持循环参照。例如，A 图参照了 B 图，B 图又参照了 C 图，此时 C 图将不能再参照 A 图。

② 覆盖型外部参照　覆盖外部参照不能显示嵌套的附着或覆盖外部参照，即它仅显示一层深度。例如 A 图覆盖参照了 B 图，而 B 图又附加或覆盖参照了 C 图，则 C 图在 A 图中是不可见的。也正因如此，覆盖参照允许循环参照。

7.2.2　管理外部参照

在图形中加入外部参照后，还可根据需要利用"外部参照"对话框删除、更新、卸载外部引用。当附着多个参照之后，在文件参照列表框中的文件上右击，将弹出快捷菜单，如图 7-14 所示，在菜单上选择不同命令可以对外部参照进行相关操作。

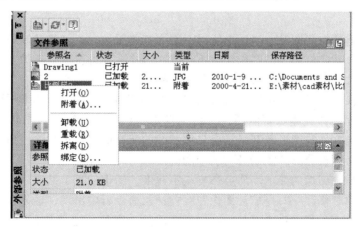

图 7-14

其各项的含义如下：

① 打开　在新建窗口中打开选定的外部参照进行编辑，在"外部参照管理器"对话框关闭后，显示新建窗口。

②附着　单击该按钮可打开"选择参照文件"对话框，在该对话框中选择需要插入到当前图形中的外部参照文件。

③卸载　可以从当前图形中移走不需要的外部参照文件。

④重载　单击该按钮可在不退出当前图形的情况下，更新外部参照文件。

⑤拆离　可以从当前图形中移去不再需要的外部参照文件。

⑥绑定　外部参照图形转化为一个块，从而使它成为当前图形的一个部分，以免外部文件的发生更改、损坏或其他原因导致该文件也损坏的连环后果。

7.2.3　编辑外部参照

在图形中插入外部参照图形后，要编辑外部参照，可选择下拉菜单"工具"/"外部参照和块在位编辑"/"打开参照"或"在位编辑参照"，然后单击某个外部参照图形，该编辑方式与"块编辑"相同。

7.3　使用光栅图

在视觉效果要求越来越高的今天，有时单纯的 CAD 线条图已经不能满足客户的需求，需要在图中插入一些照片、效果图、扫描文档等。在 AutoCAD 中，可以通过"光栅图像参照"命令来插入光栅图。

7.3.1　光栅图的类型

光栅图是指由点阵（通常按矩形分布）组成的图形。组成图形的点称为像素，像素之间是相互独立的，有时也称位图。在 AutoCAD 中，可以插入的光栅图类型主要有 BMP（＊.bmp）、GIF（＊.gif）、JPEG（＊.jpg）、PNG（＊.png）、TIF/LZW（＊.tif）等文件类型。

光栅图像的参照、编辑与外部参照相似。

7.3.2　改善图像性能

当图形配属有较多的图像时，会占用较多内存，使工作效率降低。软件提供了多种方法以提高性能。

（1）卸载和重新加载图像　当图形暂时不需要某些图像时，可将其卸载以释放内存。卸载后的图像不被显示或打印。但图像卸载不会改变链接，并可将其重新加载到图形中。在外部参照对话框中选择图像名，然后选择卸载或重载即可。

（2）分离图像　当图像不再需要时可以将其与图形分离。分离将切断图像的配属路径，使该图像所有的配属都被删除，但图像文件本身不受影响。在外部参照对话框中选择图像名，选择拆离图像文件与图形断开链接，且该图像的所有应用均被删除。但删除图像和分离图像不同，图像必须被分离才能断开与图形的链接。

（3）图像品质　图像的显示品质会影响显示速度。图像的显示品质越差，显示速度就越快。点击下拉菜单"修改"/"对象"/"图像"/"质量"，命令行中出现"输入图像质量设置［高（H）/草稿（D）］"，选择"D"（Draft）为草稿质量，则显示速度快；选择"H"（High）为高质量，则显示速度慢。

（4）隐藏图像　隐藏图像也可减少内存占用，提高工作性能。隐藏后的图像不被显示或打印，只显示图像的边框。点击下拉菜单"修改"/"特性"，在"特性"对话框中的"显示图像"框中选择：是（显示图像）或否（隐藏图像），如图 7-15 所示。

7.3.3 光栅图编辑

光栅图和其他由 AutoCAD 创建的物体一样，也可以进行编辑，如拷贝、移动、剪切、调整对比度等。

（1）图像边框　在 AutoCAD 中，所有光栅图都有边框，可以通过边框来选取图像。如果图像的边框没有显示，则只能通过层、对象名来选取图像。选择下拉菜单"修改"/"对象"/"图像"/"边框"，命令行中显示"输入 IMAGEFRAME 的新值<2>:"，值为0则框隐藏，值为2则框最宽。

图 7-15

（2）图像属性　图像参照到图形后，图像及边框采用当前属性设置，包括颜色、层、线型和线型比例等。通过"特性"对话框，可以修改图像的层、边框颜色及线型设置，也可以精确移动图像，还可以改变图像的比例、旋转角度、宽度和高度等。

（3）透明度　单色光栅图由前景色和背景色组成。当参照单色图像时，前景色为当前层的颜色，可通过下拉菜单"修改"/"对象"/"图像"/"透明度"，命令行中出现"输入透明模式 [开(ON)/关(OFF)]<ON>:"，"开"为图像背景透明，"关"为图像背景不透明。

（4）图像调整　在 AutoCAD 中，所有参照的光栅图都可独立调整亮度、对比度和淡入淡出度而不影响光栅图文件本身。点击下拉菜单"修改"/"对象"/"图像"/"调整"，程序弹出"图像调整"对话框，如图 7-16 所示，可以调整亮度、对比度和淡入度。

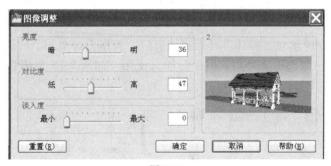

图 7-16

7.3.4 图像裁剪

（1）功能　通过裁剪，可显示或打印图像上的一个指定区域。

（2）激活

下拉菜单："修改"/"剪裁"/"图像"

命令行：ICL（Imageclip）

（3）命令选项　在命令行中输入 ICL 命令，命令提示有如下信息显示：

命令：_imageclip

选择要剪裁的图像：　　　　　　　　　　　（选择图像）

输入图像剪裁选项 [开(ON)/关(OFF)/删除(D)/新建边界(N)]<新建边界>：

是否删除旧边界？[否(N)/是(Y)]<是>：

外部模式 -边界外的对象将被隐藏。

指定剪裁边界或选择反向选项：

[选择多段线(S)/多边形(P)/矩形(R)/反向剪裁(I)]<矩形>:指定对角点：

图 7-17

程序执行结果如图 7-17 所示，图像比原图（图 7-16 中预览的图）缩小了。

7.3.5　图像的应用

光栅图像在 CAD 中的应用除了在图面上进行补充说明、丰富图面效果外，还可作为设计底图。如果没有大的工程扫描仪、没有矢量化软件，可以应用小扫描仪（A4 幅面）、数码相机获得数字底图，然后在电脑里进行手工描绘，矢量化现状图。选框范围内描绘的图形，描绘结束后可以将底图删除，然后用比例缩放工具将图形按 1：1 的比例进行缩放，得到底图的真实尺寸。

7.4　园林素材库的建立及应用

7.4.1　园林素材库的建立

在园林设计绘图中，一些通用素材在任何一个设计中都将用到，如植物图例、景石、建筑组成要素（门、窗）、指北针、标题栏等，因此，可以将这些设计要素做成块，并将其归类存储为自己的素材库。

（1）园林素材的绘制　园林素材绘制可以根据自己的爱好和设计风格，在依据制图规范的前提下制作园林素材，具体可参考本书第 2 章 2.5 节。素材绘制时尽量以 1：1 的比例进行，方便后期插入图形文件。

（2）园林素材库的建立　园林素材绘制结束后，制作成一个一个的块（Block），并将其写块（Wblock）到一个图形文件内，供后插入使用。如图 7-18 为植物图例的素材库，图 7-19 为指北针的素材库。

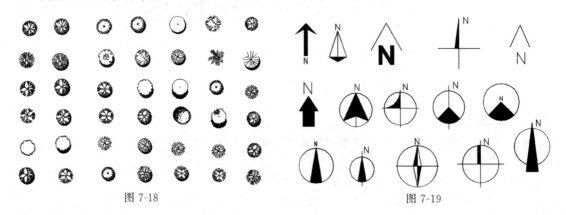

图 7-18　　　　　　　　　　　图 7-19

7.4.2　园林素材库的应用

园林素材库建立后，绘图中用到素材时，直接插入（I）即可。当然，制作素材时，最好依自己喜好的风格进行设计，这样才能形成自己的特色。

8 AutoCAD 的数据转换

AutoCAD 以其精确、快速、易操控等特性赢得了广大设计人员的青睐，在绘制方案图、设计图、施工图等尺寸要求准确的图纸时，具有很大的优越性。但 AutoCAD 也有其自身的不足，如它在平面图形的制作中，实体填充的颜色相对呆板，色彩变化少，平面效果表现无法满足要求。另外，虽然 AutoCAD 的三维制作在精确绘制、控制、捕捉节点等功能上很方便，但其贴图效果、渲染速度、色彩控制等方面不尽如人意。当然，每个软件都有自身的优势与不足，在设计中，可以根据不同软件的优势绘制不同的内容，如用 Photoshop 作平面效果图，用 Sketch Up 作三维模型图。这就涉及不同软件之间的数据的交换，如将 AutoCAD 软件制作的底图数据输出到其他软件，或将其他软件的图形数据输入到 AutoCAD。

8.1 DXF 文件

8.1.1 输出 DXF 文件
DXF 文件是一个包含能被其他 CAD 系统或程序读入的图形信息的字符文件。在 AutoCAD 软件的设计绘图中，DXF 是应用比较频繁的一种文件格式，可以将 AutoCAD 的底图输出为 DXF 的文件格式，然后在其他绘图软件（如 Sketch Up、Coreldraw、3DS MAX）中打开。

可指定用二进制式或 ASC II 储存 DXF 格式图形所使用的浮点数精度，该精度范围为 0～16。在要求清晰度比较高的图像时，可以使用最高 16 位精度，虽然这会大大增加文件的尺寸以及增加建立和读取文件的时间。点击下拉菜单"文件"/"另存为"，弹出"图形另存为"对话框，选择存储类型为 ∗.dxf，起名后点击"保存"。

8.1.2 输入 DXF 文件
DXF 文件是一个描述 AutoCAD 图形的 ASCII 文件，它被用来共享其他应用程序的图形数据。DXF 文件输入，可以在下拉菜单中"文件"/"打开"，找到 DXF 文件打开即可输入。

8.2 3DS 文件格式

在 AutoCAD 中，输入 3D Studio 格式（3DS），在"插入"下拉菜单中，选择"3D Studio"选项，选择 ∗.3DS 文件类型，找到文件，点击打开即可插入。

8.3 BMP 和 Windows WMF 文件

8.3.1 BMP 文件格式
BMP 就是 Windows Bitmap，它是 Windows 的绘图程序的自身格式，可被多种 Windows 和 OS/2 应用程序所支持。在 AutoCAD 中，可以使用"输出"命令输出图形中对象为 BMP 位图图像。点击下拉菜单"文件"/"输出",在"输出数据"对话框选择存储类型为 * . BMP,起名后点击"保存"。但在绘图中,由于 BMP 位图格式的分辨率由屏幕分辨率决定,所以该格式主要用于制作幻灯片或分辨率要求不高的文档。

8.3.2　WMF 文件格式

（1）WMF 文件格式的输出　WMF 格式是 Windows metafile 格式,文件中包含屏幕向量图和光栅图格式。使用下拉菜单"文件"/"输出",可以储存选择的 AutoCAD 对象到一个 WMF 文件。

（2）WMF 文件格式的输入　使用 Windows 版本的 AutoCAD 可把 Windows metafiles 文件作为一个块输入到 AutoCAD 中,WMF 文件能改变比例并且打印输出时不失去分辨率。如果 WMF 文件包含实心体或粗线,可关掉它们的显示,提高绘图速度。点击下拉菜单"插入"/"Windows 图元文件",在"输入 WMF"对话框中,选择 Windows 图元文件,然后"打开"。

8.4　DWF 文件

可输出 AutoCAD 图形为 AutoCAD's Drawing Web Format（DWF）。一个 DWF 文件是高度压缩的 2D 向量图形文件,可以在 World Wide Web 上发布他的 AutoCAD 图形,使用 Web 浏览器,如 Netscape Navigator 或者 Microsoft Internet Explorer 浏览 DWF 图。

DWF 文件使用原图文件的背景颜色。为了保持文件最小,可使用缺省颜色图。只有在当前视图内的数据被储存在 DWF 文件中,在窗口区域处的几何要素不包括在 DWF 文件中。

"输出"DWF 格式命令只能在图纸空间使用,在打印设置里把打印机设置为 eplot,然后设置图纸大小,将当前文件打印为 * . dwf 的文件格式。也可在"插入"中插入 DWF 格式的文件到 AutoCAD 中。

8.5　ACIS 文件格式

如果需要在其他应用程序中使用一个 AutoCAD 图,可转换 AutoCAD 为 ACIS 格式文件。

（1）输出 ACIS 文件　输出 AutoCAD 实体对象到一个 ACIS 的 ASCⅡ格式（SAT）文件中,而其他线、圆弧等被忽略。点击下拉菜单"文件"/"输出",在"文件类型"列表框中选 ACIS（* . sat）,然后选择存储。

（2）输入 ACIS SAT 文件　输入储存在 SAT（ASCⅡ）文件中的几何对象,AutoCAD 转换模型中的立体对象或实心体。在下拉菜单"插入"/"ACIS 文件",在"选择 ACIS 文件"对话框中,选择输入的文件。

8.6　PostScript 文件

PostScript 是由 Adobe 开发的图形格式,广泛用于桌面印刷,AutoCAD 允许使用 PostScript 字体和文件及输出一个 AutoCAD 的图形文件到一个 PostScript 文件中。点击下拉菜单"文件"/"输出",在"输出数据"对话框中,选择封装 PS（* . eps）,起名后点击"保存"输出。

9 图纸布局与图形打印

AutoCAD 的作图空间有两种：模型空间和图纸空间（布局）。在绘图区域底部有"模型空间"选项卡以及一个或多个"布局"选项卡。通常，由几何对象组成的模型是在"模型空间"的三维空间中创建的，"模型空间"具有无限大的特性，绘图时可以按 1∶1 的比例进行。而特定视图的最终布局和此模型的注释可以在"图纸空间"的二维空间中创建。在图纸空间（布局）上，可以创建一个或多个视口、标注、说明和标题栏等内容。

图纸布局（空间）提供了打印模型空间图形的能力，将只用于打印目的的诸如图纸标题栏、图框、图纸大小等对象放在图纸空间内。当然，在图纸空间中，还可以创建多个视口，从不同角度、以不同比例查看对象。

9.1 图纸布局

在 AutoCAD 2010 中，布局模拟打印模型的图纸，精确反映要打印图纸的缩放比例、图纸方向、线宽设置和布局的打印模式设置等。利用布局可以直观地看到打印出图前的效果。如图 9-1 所示。

9.1.1 创建布局

图纸布局提供的打印布局设置直观、形象，且可创建多种布局，每个布局代表一张可单独打印输出的图纸。一个图形文件可以以不同图纸大小、不同的比例输出为很多张图纸。要增加布局只需在布局按钮上点击右键，弹出如图 9-2 所示的快捷菜单，其内容包括：新建布局、来自样板、删除、重命名、移动或复制、选择所有布局、激活前一个布局、激活模型选

图 9-1

图 9-2

项卡、页面设置管理器、打印、将布局作为图纸输入、将布局输出到模型、隐藏布局和模型选项卡等。

(1) 新建布局 点击下拉菜单"文件"/"新建",弹出"选择样板"对话框,如图 9-3 所示,可以选择"Template"文件夹中任一样板文件,确定后打开样板文件,进入绘图区域,如图 9-4 所示。

图 9-3   图 9-4

布局一般包括视口、标题栏、图框、打印设备、图纸尺寸、打印区域、打印比例、图形方向等相关内容,也可进行全部或部分更改。

(2) 利用创建布局向导创建布局 点击下拉菜单"工具"/"向导"/"创建布局",或下拉菜单"插入"/"布局"/"创建布局向导",系统将打开如图 9-5 所示"创建布局"对话框,可以按照提示一步步地指定打印设备、确定图纸尺寸和图形的打印方向、选择布局中使用的标题栏或确定视口等设置。

创建布局的具体内容如下:

① 开始 输入新布局的名称。

② 打印机 在使用布局向导指定布局环境之前,应首先确认拥有所配置打印机的权限。要添加或配置新的 Windows 系统打印机,可以在 Windows 控制面板中选择打印机,然后选择添加打印机。要添加非系统打印机,可以在"选项"对话框的"打印和发布"选项卡中选择添加或配置打印机。

③ 图纸尺寸 设置图纸尺寸、图形单位。

④ 图形方向 横向或纵向。

⑤ 标题栏 包括标题栏大小、内容、图纸风格等。

⑥ 视口 在布局中添加视口,指定设置类型、比例、行数、列数和间距等。

⑦ 指定位置 在图形中指定视口配置的位置。

创建布局后,可以通过移动图形视口、向布局中添加几何图形或从"文件"菜单中选择"页面设置管理器"从而修改布局。

(3) 样板文件的存储 建了一个新的布局后,可以将其存储为样板文件,以备今后再用。存储的方法为,在"文件"下拉菜单中选择"另存为"选项,弹出图 9-6 所示的"图形另存为"对话框,在文件类型列表中选择"AutoCAD 图形样板(*.dwt)"文件类型,在名称栏中输入样板文件的名称(该名称要便于识别),完成后点击"保存"存盘即可。样板文件可保存到素材库中。

样板文件建成后,在下一图形文件开始时可直接打开样板文件进行设计,对于公司或设计院所来说,样板文件的保存可以统一图纸风格、规范图纸形式、节省时间。

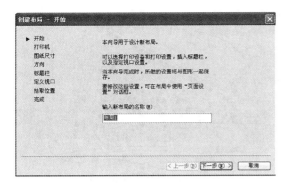

图 9-5

图 9-6

9.1.2 视口

视口是显示模型的不同视图的区域。使用"模型"选项卡,可以将绘图区域拆分成一个或多个相邻的矩形视图,称为模型空间视口。在大型或复杂的图形中,显示不同的视图可以缩短在单一视图中缩放或平移的时间。而且,在一个视图中出现的错误可能会在其他视图中表现出来。

在布局中,视口是控制图形外观的特有设置。一个图纸上有几个视口,可以在视口内控制视口图层的可见性(冻结)、颜色、线型、线宽等内容。

在 AutoCAD 2010 以后的版本中,增强了浮动视口的效用。如可以创建非矩形的视口,还可以剪切视口和使用夹点重新确定视口的大小、形状。此外,还可以锁定显示比例,以防在视口中进行缩放和平移操作时意外修改缩放比例。

(1)平铺视口和浮动视口 平铺视口在模型空间中创建,非平铺视口或浮动视口在图纸空间中创建。创建视口时,AutoCAD 根据当前工作的空间自动确定视口类型,激活"模型"选项卡时自动创建平铺视口,激活布局选项卡时自动创建浮动视口。

平铺视口平铺在屏幕上,点击下拉菜单"视图"/"视口"/"新建视口",弹出如图 9-7 所示的"视口"对话框,可以新建视口或命名视口,将当前的视口进行划分,如分成 2 个、3 个或 4 个视口等,如图 9-8 所示。

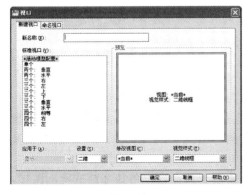

图 9-7

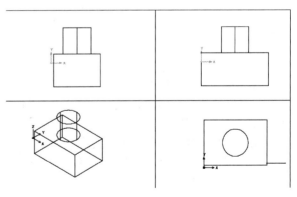

图 9-8

平铺视口的特性是固定的、不能移动,互相不重叠,边缘与周围的视口邻接。使用平铺视口主要是为了在三维作图时更好地观察图形的各个角度。

浮动视口是在图纸空间创建的,它们可以移动、拷贝、重叠、缩放等,如图 9-9 所示,形状可以是圆、方、椭圆、多边形等不规则的形态。

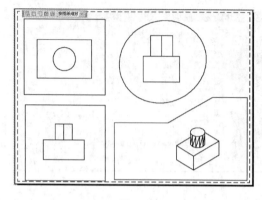

图 9-9

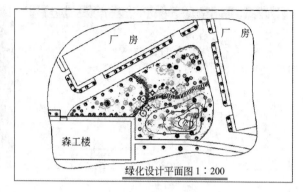

绿化设计平面图 1∶200

图 9-10

（2）创建视口工具 点击下拉菜单"视图"/"视口"，或打开"视口"浮动工具栏，如图 9-9 左上角的工具栏，工具包括：视口、单个视口、多边形视口、将对象转换成视口、剪切现有视口等。

（3）创建非矩形视口 在图纸空间内，应用样条曲线、多段线或椭圆等工具创建成自己想要的视口形式，如图 9-10 所示，单击"视口"工具栏上的"多边形视口"按钮，选择对象后该对象被转换为视口。

（4）剪切现有浮动视口 该功能是用一个能体现现有视口当前特性的新封闭对象代替现有视口，因此，要快速修改现有视口的形状而同时保留其特性，可以使用视口剪切功能。

（5）控制视口的比例缩放 在图纸空间布局中，选择视口，输入"Ms"（Model space）命令返回到模型空间，在命令行中输入"Z"（ZOOM）命令，在提示的信息后输入缩放比例，并在比例后加上"XP"回车，视口中的图形将按此比例进行缩放。缩放结束后可按"PS"（Paper space）命令回到图纸空间。其操作如下：

命令：MS （从图纸空间返回模型空间）
命令：z （输入缩放命令）
指定窗口的角点，输入比例因子（nX 或 nXP），或者
［全部（A）/中心（C）/动态（D）/范围（E）/上一个（P）/比例（S）/窗口（W）/对象（O）］＜实时＞:1/200xp （输入比例）
命令：PS （返回到图纸空间）

程序执行结果如图 9-10 所示。

视口缩放比例在图形打印中非常重要。图形画完后，设置好图纸的布局（大小、方向、图标栏等），都要通过视口缩放比例，安排图形在图纸中的表现，然后按 1∶1 的比例进行出图。此时，视口的比例就是该图打印出来后的图纸比例，如图 9-10 中的 1∶200，既是视口的缩放比例，也是图纸打印出来后的图纸比例。

（6）浮动视口中的图层控制 使用浮动视口可以独立于其他视口单独冻结或解冻图层，也就是说，同一个图形可以在不同的视口中有不同表现形式，有的图形在这个视口中可见，但在另一个视口中可能不可见。在布局中，用"LA"命令打开"图层特性管理器"对话框，如图 9-11 所示，图层状态栏增加"视口冻结""视口颜色""视口线型""视口线宽""视口打印"等内容，可以在浮动视口中进行相关操作。如图 9-12 中，在圆形视口中的植物图例不可见，而在其他的视口中可见，同时，各视口的比例也可不同。

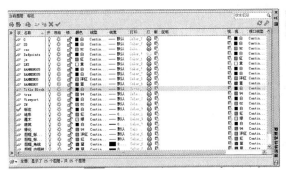

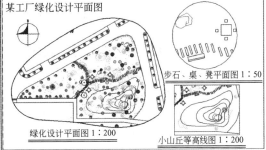

图 9-11 　　　　　　　　　　　　　　　　　　图 9-12

9.2　图形打印

利用 AutoCAD 进行绘图的目的是为了将成果打印出来。图形打印包括绘图仪管理器、页面设置管理器、打印样式管理器、打印预览和打印等内容。

9.2.1　绘图仪管理器

（1）添加绘图仪　打印图形的第一步就是配置用来打印的绘图仪设备。AutoCAD 支持很多打印机和绘图仪，并带有很多驱动程序，这些程序支持很多打印设备，如惠普、施乐、Epson 等公司的绘图仪，但要进行添加。点击下拉菜单"文件"/"绘图仪管理器"/"添加绘图仪向导"，弹出如图 9-13 所示的对话框。在对话框内，根据提示来配置非系统和 Windows 系统的绘图仪和打印设备，本地或网络绘图仪、打印机。同时创建和管理适用于 Windows 系统 Autodesk 设备的 PC3 文件。PC3 文件包含打印机及其所有设置、图纸或其他输出介质的信息。PC3 文件完全独立于图形，可以与其他 AutoCAD 共享。

（2）绘图仪编辑　在打印时，选择打印后，点击其"特性"可弹出如图 9-14 所示的"绘图仪配置编辑器"，可以对 PC3 文件重新进行修改设置，如图纸大小、方向、绘图仪属性设置等。

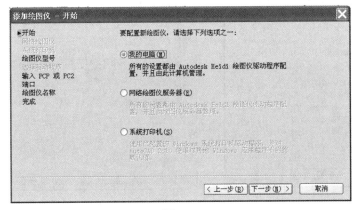

图 9-13 　　　　　　　　　　　　　　　　图 9-14

9.2.2　页面设置管理器

页面设置可在绘图以前，也可在绘图结束后进行，点击下拉菜单"文件"/"页面设备管理器"/"新建"或"修改",弹出如图 9-15 所示的对话框,主要设置内容包括:打印设备、打印样式表、打印区域、旋转、打印偏移、图纸大小和缩放比例等。也可在如图 9-16 所示的"打印"对话框中设置以上内容。

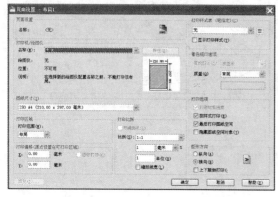

图 9-15

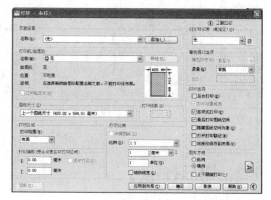

图 9-16

9.2.3 打印样式管理器

使用打印样式能够改变图形中对象的打印效果。例如,可以用不同的方式打印同一图形,分别强调建筑中的不同元素或层次。打印样式是一系列颜色、抖动、灰度、笔指定、淡显、线型、线宽、端点、连接和填充的替代设置。可以给任何对象或图层指定打印样式。

(1) 添加打印样式 有 2 种方法添加一个打印样式:一是直接从下拉菜单"文件"/"打印样式管理器"/"添加打印样式表向导",弹出"添加打印样式表"对话框,如图 9-17 所示;二是在"页面设置"对话框中,选择"打印样式表"的"新建",弹出如图 9-17 所示的对话框。

(2) 样式编辑 创建打印样式文件名后,最终都要在如图 9-18 所示的"打印样式编辑器"对话框中,对 255 种颜色的不同属性进行设置,包括颜色、抖动、灰度、笔号、虚拟笔号、淡显、线型、线宽、端点、连接和填充等各方面进行设置。

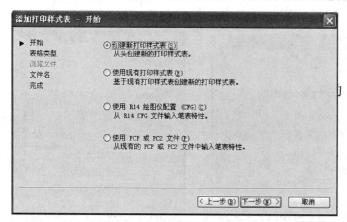

图 9-17

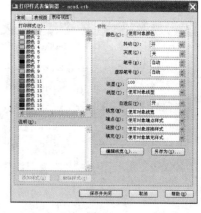

图 9-18

设置完后,打印样式驻留在打印样式列表中,其能够在打印时控制对象的外观显示。例如,设计中做的方案图、设计图可以用彩色线条图打印,增加图面效果。而一旦方案通过后,出施工蓝图时,则可以在不改变原来图形对象的基础上,用打印样式将原来的绿色、红色或其他相关颜色设置为不同宽度的黑色,直接打印在硫酸纸上,晒成蓝图即可。

9.2.4　打印图纸

AutoCAD 可以用各种各样的绘图仪和 Windows 系统打印机输出图形。

（1）打印设置　在创建布局时，可以指定所有打印设置并保存图形。当准备打印时，可以从下拉菜单"文件""/打印"，"打印机"对话框列表中选择保存过的打印设置，并查看打印图纸尺寸、打印区域、图形方向、打印比例、打印偏移和其他打印选项的内容。

如果只想修改打印设置但不想修改布局，则不要勾选"将修改保存到布局"复选框即可，在"打印"对话框里修改打印设置后选择"确定"。

（2）打印预览　为了进一步观察打印设置情况，可在"打印"对话框的下方点击"预览"按钮以观察打印效果。若希望退出打印预览、打印图形或缩放打印预览画面，可单击鼠标右键，然后从弹出的快捷菜单中选择"退出""打印""平移""缩放大小"等选项，打印的直接选"打印"，即可将图纸打印出来。

9.2.5　电子打印

（1）打印 DWF 文件　用 AutoCAD 的 ePlot 特性，可以发布电子图形到 Internet，所创建的文件以 Web 图形格式（DWF）文件保存。可以用 Internet 浏览器打开、查看和打印 DWF 文件。DWF 文件支持实时平移和缩放，可以控制图层、命名视图和嵌入超级链接的显示等。

AutoCAD 提供了两个可用来创建 DWF 文件的预配置 ePlot PC3 文件（DWF6 eplot. pc3 和 DWF_X eplot. pc3）。可以修改这些配置文件，或用添加打印机向导创建附加的 DWF 打印机配置。DWF ePlot PC3 文件可以创建具有白色背景和图纸边界的 DWF。

打印 DWF 文件的步骤，点击下拉菜单"文件"/"打印"，在"打印"对话框的"打印机/绘图仪"选项卡上有一个"名称"列表，从中选择一种 ePlot 打印机，在"浏览打印文件"对话框中输入文件的名称后"保存"。

（2）打印 PDF 文件　重复以上操作步骤，应用"DWG To PDF. PC3"，将图形文件打印成 PDF 文件。

（3）打印 JPG 文件　应用"PublishToWeb JPG. pc3"，将图形打印成 JPG 文件。打印 JPG 文件涉及分辨率，即以多大的分辨率打印成文件，分辨率设置在保持原有高宽比的基础上，自定义相对较高的分辨率进行打印，这样可保证图形线条的流畅，输入到 Photoshop 或其他绘图软件中也能保持较好的图面效果。

10 AutoCAD 综合应用实例

学习 AutoCAD 的关键在于应用，本章以制图中常见实例为对象，具体讲解如何在制图中综合运用 AutoCAD 的基本命令、编辑技巧、作图程序等相关内容。

10.1 广场设计

广场设计的主要图纸有：广场平面图、道路布置、中心广场局部详图、休闲铺装设计详图、植物布置平面图、详细施工图等。

10.1.1 广场范围的确定

（1）数据输入的方式 设计要做的第一项工作就是将图形资料输入电脑，如果甲方提供了 AutoCAD 的底图，直接打开便可，若是非数字化的底图，可用 3 种方法输入：

① 测量 现场勘测数据，将数据输入 AutoCAD 中绘成图形。

② 矢量化 甲方提供的图纸，可以通过大型的工程扫描仪扫描后进行矢量化（存为 *.DWG 文件），然后输入电脑，作为底图。

③ 描图 将底图经过扫描仪、数码相机等设备数字化后存为位图文件，插入 AutoCAD 中，进行线条描图。

（2）广场轮廓的绘制 通过对广场现状进行测量后，将数据输入电脑绘制底图，如图 10-1 所示。该广场地形环境相对简单，呈一个梯形，四边长及周边道路的宽度已经知道，只要在 AutoCAD 的绘图区域中用线的直接距离输入方式便可完成。

首先将正交模式打开，图形单位设置为毫米，以 1∶1 为比例（真实尺寸）画图，在屏

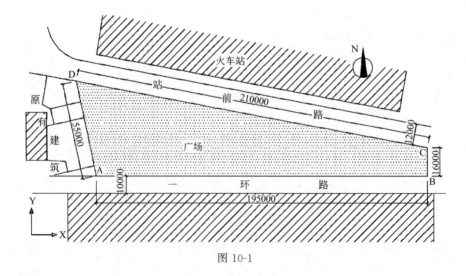

图 10-1

幕上随意选取一点 A，向右确定一个方向后直接输入 195000 得到 B 点，从 B 点向上直接输入 16000 得到 C 点。为确定 D 点，以 C 点为圆心作半径为 210000 的圆，以 A 点为圆心作半径为 55000 的圆，两圆的交点为 D 点。

这样，广场的四个角点（A、B、C、D）便很快确定，然后用偏移命令将 AB 线段向下偏移 10000，得到一环路；将 CD 线段向上偏移 12000 得到站前路；最后，将广场周边的环境用填充工具填充成表示现有建筑的图案，表现出广场的位置。如图 10-1 所示。

10.1.2 广场设计平面图

（1）道路的设计　根据广场的位置、人流活动规律及广场面积，设计以两个小型的广场为轴心，两个十字形的道路为轴线组织广场的人流及活动，如图 10-2 所示。利用捕捉工具及偏移命令确定轴线和两个小广场的位置。中心线的线型设置为点划线。

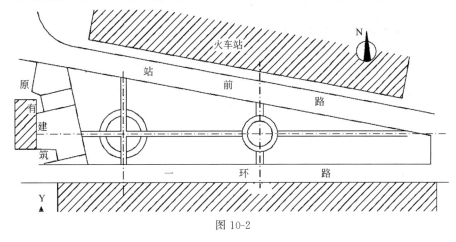

图 10-2

（2）休闲铺装及绿地的设计　根据现状，设计广场交界处做成花池并兼作坐凳、广场的两头作为休闲铺装，广场内留出一部分人流活动的空间后全部作为绿地。广场内规则的树池内种植乔木，形成广场林荫。休闲铺装、绿地的形式以流线为主，用样条曲线、圆弧、圆等基本形体进行绘制，如图 10-3 所示。

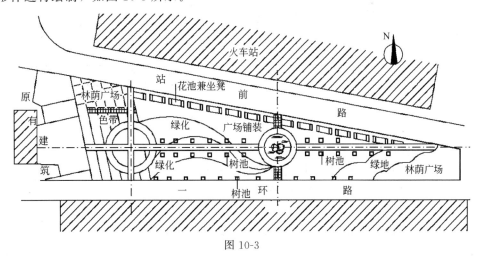

图 10-3

（3）建立图层　随着设计内容的增加，平面上的各种形式越来越多，此时，便可考虑用图层属性工具来进行管理。当然，也可在绘图前便设置几个常用的图层，如道路、休闲铺装、绿地、植物图例、文字注释、尺寸标注等图层，在绘图过程中可根据需要将不同属性的内容放置在不同的图层上，便于后期的管理。

10.1.3 植物配置平面图

（1）图案的填充　为了区分不同属性的物体，一般在完成主要设计后，用不同的颜色、图案来对物体进行填充。为广场填充了色带、休闲铺装、道路等图案，效果如图 10-4 所示。

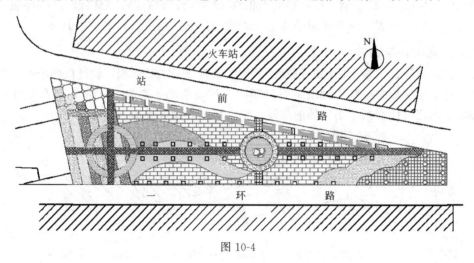

图 10-4

（2）植物配置　进行植物配置时，可以调用素材库中已经设计好的植物图例。根据植物的种类和要达到的效果，选择植物图例。如图 10-5 所示。

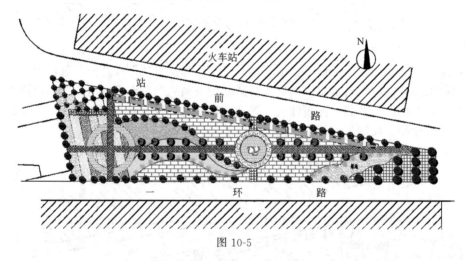

图 10-5

10.1.4 文字注释

（1）文字图层及字体的设置　把文字图层设置为当前，应用"文字样式"命令对文字的类型、字体名称、字高、字高宽比进行设置。

（2）文字标注　字体设置后，可以用单行文本直接在图面上进行简单的文字注释，若有篇幅比较长的文字说明可用多行文本命令进行标注，如图 10-6 所示。

10.1.5 尺寸标注

（1）标注样式设置　在进行尺寸标注前必须进行标注样式的设置，在命令行中输入"D"命令，AutoCAD 弹出"标注样式管理器"对话框，然后对标注格式进行设置。

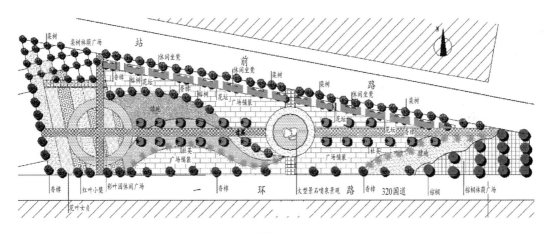

图 10-6

（2）控制性尺寸的标注　在平面设计中，为了说明问题，需要进行一些控制性的尺寸标注，如广场的边长、道路宽、中心小广场的控制性尺寸及其他相关尺寸。如图 10-7。

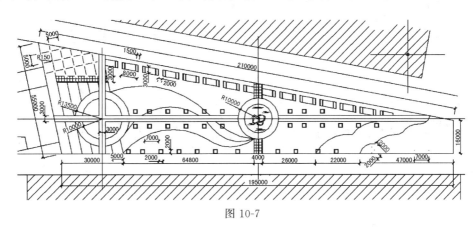

图 10-7

10.1.6　坐标网格的绘制

在实际施工中，一般用坐标网格对曲线进行定位。网格的绘制可用阵列"AR"（AR-RAY）命令进行设置，也可用偏移"O"命令进行，如图 10-8 所示，为"5000×5000"的

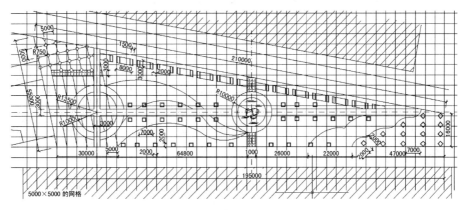

图 10-8

施工放样网格。

10.2 居住小区绿化设计

居住小区绿化设计的主要图纸包括：现状分析图、方案设计图、植物配置图等。

10.2.1 现状分析图

如图 10-9 所示，该图是由 A4 幅面的扫描仪扫描后存为 ＊.JPG 格式，以插入光栅图像的形式插入到 AutoCAD 中，用多段线及线段将其描出来，然后根据比例缩放为真实尺寸。

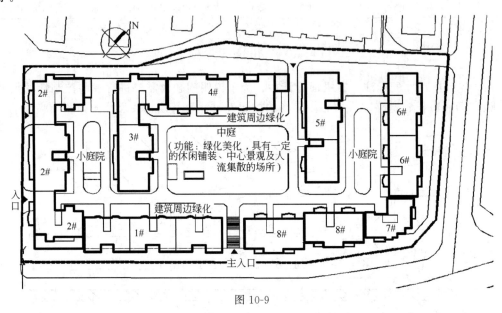

图 10-9

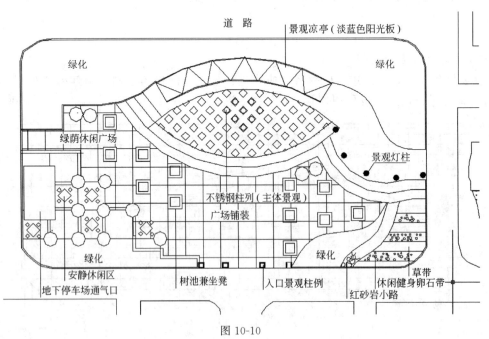

图 10-10

10.2.2　方案设计图

根据现状分析及居住小区绿化所要达到的功能，进行中庭及旁边两个庭院的平面设计，可以用直线、圆弧、多段线等基本图形命令进行方案设计，如图 10-10 所示，为居住小区中庭方案图。

10.2.3　植物配置图

（1）植物图例的插入及布置　方案设计图设计好后，可以进行植物配置。首先通过"LA"命令建立植物图层，然后将植物从素材库里插入到当前图层中，根据设计进行植物的布置。如图 10-11 是植物配置局部详图。

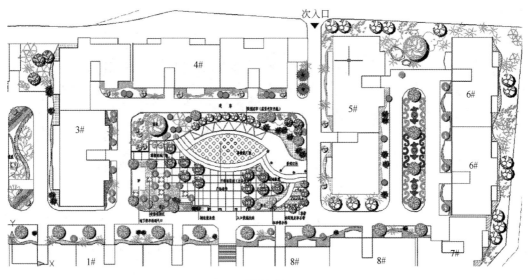

图 10-11

（2）植物名录表的制作　植物名录是为了说明所用的植物种类名称、数量、规格、相关注释等内容的列表。如图 10-12 所示。如果图纸比较小、植物种类不多，可以在图纸上用文字直接进行标注。

表1

序号	图例	植物名称	高（单位m）	冠幅（单位m）	胸径（单位cm）	数量
1		朴树	6～7	4～6	20～30	
2		云南山茶	4～5	2～3	10～15	
3		云南山茶	1～1.5	0.8～1.3		
4		金桂	4～6	3～4	15～25	
5		桂花	0.8～1.5	0.6～1.2		
6		紫薇	4～5	2～3	10	
7		山玉兰	5～6	2.5～4	20～25	
8		腊梅	2～3	1.5～2.5		
9		红梅	3～4	2～3	6～9	
10		刚竹	5～6	1丛5株		
11/12		紫竹/金竹	3～5	1丛5株		
13		虎头兰	0.25～0.30			

表2

序号	图例	植物名称	高（单位m）	冠幅（单位m）	胸径（单位cm）	数量
14		枇杷	4～5	4～5	15～20	
15		银杏	3～4		10～15	
16		白玉兰	1.5～2		8～10	
17		紫玉兰	1.5～2		8～10	
18		罗汉松	2.5～3		12～15	
19		圆柏	2.5～3		12～15	
20		广玉兰	3～4		10～15	
21		三角枫	2～3		10～15	
22		梅桩	2～3		20～25	
23		马樱花	0.3～1.0			
24		茶梅	0.2～0.3			
25		百紫莲	0.2～0.3			

图 10-12

10.3 综合公园设计

综合性公园图纸数量、内容较多，图纸包括总平面图、功能分区图、路系统图、竖向设计图、植物配置图、水系统图、照明系统图、给排水系统图、局部详图等，内容包括建筑、道路、植物、水体、小品等。因此，进行综合公园设计作图时，应充分运用各种工具，如块、插入参照、图层管理、视口图层控制等，将不同图纸、不同内容进行合理有效的控制和管理，提高工作效率。如图 10-13 为某公园局部的植物配置图，包含了道路、铺装、植物（乔木、灌木、地被）、地形、植物列表、文字标注等各种内容。

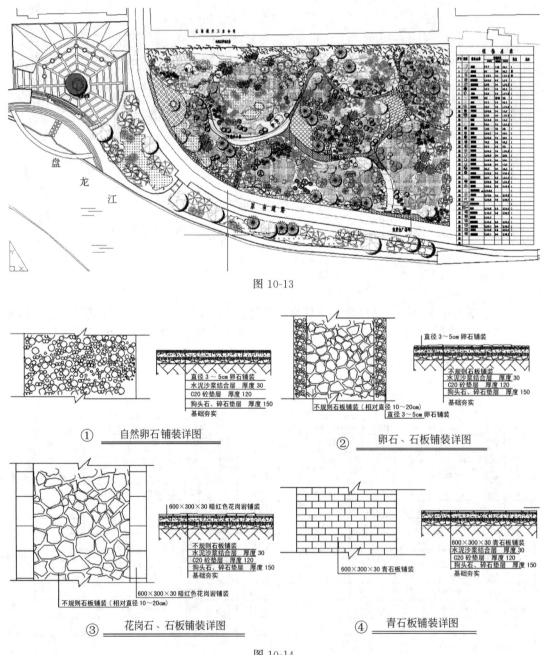

图 10-13

图 10-14

10.4 施工图设计

施工图的目的是能清楚、准确地表示出各项设计内容的尺寸、位置、形状、材料、种类、数量、色彩以及构造和结构。施工图包括施工平面图、地形设计图、种植平面图、建筑施工图、道路结构图、节点大样图等。如图 10-14 所示的道路铺装详图，必须根据道路广场铺装的不同材料，作出不同的结构详图。制图中，用"偏移"（O）命令对距离进行控制，用"填充"命令（H）对不同的结构层进行图案填充，最后，用"尺寸标注""文字标注"命令进行尺寸、文字的标注。

第二篇 Sketch Up 软件与三维建模

11 Sketch Up 基本概念与操作

11.1 Sketch Up 软件简介

Sketch Up 软件由美国@Last Software 出品，2006 年 3 月 15 日被 Google 收购，成为 Google Sketch Up 设计软件。Sketch Up 软件是一个界面简单、功能强大的 3D 图像制作、浏览和编辑软件。Sketch Up 软件不仅具备精确性，而且具备独特的草图性质，这与设计师用手工绘制构思草图的过程很相似，其随意性导致的启发效果如同手绘草图一样能够使设计师在创作过程中得到意外的收获。因此，Sketch Up 软件在三维建模应用方面非常普及，特别是在园林、景观、城市规划、建筑等室外模型的建模中具有简单、便捷、速度快等明显优点而深受专业人士喜爱。本书以 Sketch Up Pro 2019 的汉化版本进行讲解。

11.2 Sketch Up 界面介绍

启动 Sketch Up 进入软件基本界面，包括绘图区域、下拉菜单、浮动面板及信息、浮动工具条、工具条、工具提示栏和输入框 7 个部分，如图 11-1 所示。

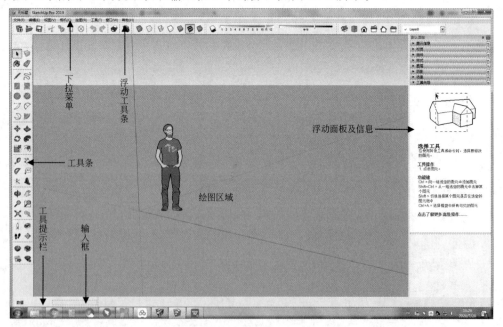

图 11-1

11.3 Sketch Up 工具栏简介

通过 Sketch Up 的下拉菜单"视图"的"工具栏"点击"标准""大工具""样式""图层""阴影""视图""数值"等选项，进行适当调整，形成如图 11-2 所示的绘图常用界面及工具栏。

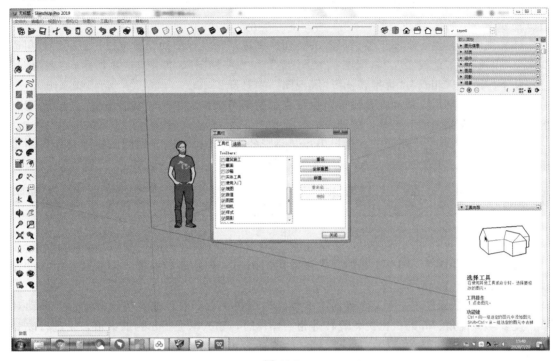

图 11-2

（1）标准工具栏 标准工具栏主要是管理文件、打印和查看帮助，如图 11-3 所示，依次包括"新建文件""打开文件""保存""剪切""复制""粘贴""删除""撤消操作""重复操作""打印""用户设置"等命令。

（2）主要工具栏 主要工具栏包括"选择""制作组件""材质"和"删除"工具，如图 11-4 所示。

（3）绘图工具栏 绘图工具栏包括"徒手画笔""线""矩形""圆""多边形""圆弧""扇形"等工具，如图 11-5 所示。

图 11-3　　　　　　　　　　图 11-4　　　　　　　　　　图 11-5

（4）编辑工具栏 编辑工具栏是对几何体进行修改编辑的工具集，包括"移动/复制""旋转""跟随路径""缩放""偏移复制"等工具，如图 11-6 所示。

（5）建筑施工工具栏 建筑施工工具栏包括"测量/辅助线""尺寸标注""量角器/辅助线""文本标注""坐标轴""3D 文字"等工具，如图 11-7 所示。

（6）相机工具栏 相机工具栏依次包括"转动""平移""缩放""窗选""上一视图"

"充满视窗""相机位置""漫游""绕轴旋转"等工具，如图 11-8 所示。

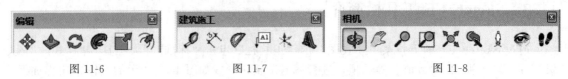

图 11-6   图 11-7   图 11-8

（7）样式工具栏　样式工具栏依次包括"相机位置""漫游""绕轴旋转"等工具，如图 11-9 所示。

（8）视图工具栏　视图工具栏显示的是切换到标准预设视图的快捷按钮，包括"等角透视图""顶视图""前视图""右视图""后视图"和"左视图"，如图 11-10 所示。"底视图"可以从下拉菜单"相机"/"标准视图"/"底视图"中打开。

（9）截面工具栏　截面工具栏可以执行常用的剖面操作，包括"添加剖面""显示/隐藏剖切""显示/隐藏剖面"工具，如图 11-11 所示。

（10）阴影工具栏　阴影工具栏提供控制阴影的方法，包括阳光和阴影选项对话框的按钮，切换阴影显示开关的按钮以及太阳光的日期、时间控制按钮，如图 11-12 所示。

图 11-9   图 11-10   图 11-11   图 11-12

（11）图层工具栏　图层工具栏提供了常用的图层管理功能：添加、删除、显示、设置颜色等，如图 11-13 所示。

（12）数值工具栏　位于工作界面左下角，进行相关命令时，如进行绘制图形、移动对象、设置相机视角、阵列、比例、旋转等相关操作时，输入框会显示当前数值，要进行改变则可以直接输入相关数值，按"回车"键进行确认，如图 11-14 所示。

（13）地点工具栏　是软件与 Google Earth 连接的工具，可以在线获取 Google Earth 上当前建模地点的"添加位置""切换地形""照片纹理"等工具，如图 11-15 所示。

（14）沙箱工具栏　沙箱工具用于制作室外环境的地形，通过下拉菜单"窗口"/"工具栏"，勾选"沙箱工具栏"，打开"沙箱"浮动面板。这工具栏依次包括"用等高线生成""用栅格生成""曲面起伏""曲面平整""曲面投射""添加细部""对调角线"等 7 个工具，如图 11-16 所示。

图 11-13   图 11-14   图 11-15   图 11-16

11.4　Sketch Up 快捷键设置

Sketch Up 给大多数命令提供了用户自定义的快捷键，让用户可以快速切换命令，而不需要在工具栏和绘图窗口之间来回移动鼠标，从而提高绘图效率。

快捷键对话框位于下拉菜单"窗口"/"系统设置"/"快捷键"，如图 11-17 所示，左边的命令栏列出的是可以定义快捷键的所有命令，快捷键栏是显示当前命令已经定义的快捷键，在"快捷方式"栏中，按住所需的控制键（如 Ctrl、Shift、Alt 键），或定义给该命令的按

图 11-17

键，可以使用组合修改键如 Ctrl＋Shift＋B，也可以直接使用单个键，如 B 键。点击"＋"按钮，添加，如有冲突软件会提醒，可点击"重设"，进行重新设置快捷键。

系统已设置了一些快捷命令，也可根据自己的记忆特点设置常用工具的命令。

12 Sketch Up 常用工具

12.1 基本工具

12.1.1 选择工具

(1) 功能　选择工具可以对图形、组件、群组等进行选择，选中的元素或物体会以蓝色亮显。

(2) 激活　下拉菜单"工具"/"选择"，或从绘图工具面板 ▶ 激活。

(3) 操作技巧

① 加选/减选　Ctrl+ ▶ 是加选，Shift+ ▶ 是加选或减选，箭头旁会出现"＋/－"号，可以改变几何体的选择状态（已经选中的物体会被取消选择，反之亦然），同时按住Ctrl 键和 Shift 键，选择工具变为减少选择，可以将实体从选集中排除。

② 窗口选择和交叉选择　用选择工具拖出一个矩形框可以快速选择多个元素或物体。窗口选择，从左往右拖出的矩形选择框为实线，只选择完全包含在矩形选框中实体。交叉选择，从右往左拖出的矩形选框为虚线，可以选择矩形选框以内的和接触到的所有实体。

③ 扩展选择　用选择工具在物体元素上快速点击数次，会自动进行扩展选择。如在一个表面上连续点击两次，可同时选择表面及其边线；在表面上连续点击三次，可同时选择该表面，及所有与之邻接的几何体。

④ 取消选择　只要在绘图窗口的任意空白区域点击即可。也可以使用下拉菜单"编辑"/"取消选择"，或按组合键 Ctrl+T。

⑤ 全部选择　要选择模型中的所有可见物体，可以使用下拉菜单"编辑"/"全选"，或按组合键 Ctrl+A。

12.1.2 删除工具

(1) 功能　删除工具也叫"橡皮擦"，可以直接删除绘图窗口中的边线、辅助线以及其他的物体。它的另一个功能是隐藏和柔化边线。

(2) 激活　下拉菜单"编辑"/"橡皮擦"，或点击浮动工具面板 ✐ 激活。

(3) 操作技巧

① 删除几何体　点击要删除的几何体，也可按住鼠标不放，然后在要删除的物体上拖过，被选中的物体会亮显，再次放开鼠标就可以全部删除。

② 隐藏边线　使用删除工具的时候，按住 Shift 键，可以隐藏边线。

③ 柔化边线　使用删除工具的时候，按住 Ctrl 键，可以柔化边线。同时按住 Ctrl 和 Shift 键，就可以用删除工具取消边线的柔化。

④ Delete 键　要删除大量的线，最快的做法是用选择工具 ▶ 进行选择，然后按键盘上

的 Delete 键删除。也可以选择"编辑"下拉菜单中的"删除"命令删除选中的物体。

⑤ Esc 键　如果偶然选中了不想删除的几何体，可以在删除之前按 Esc 键取消这次的删除操作。

12.1.3　材质工具

（1）功能　用于给模型中的实体分配材质（颜色和贴图），也可以给单个元素上色，填充一组相连的表面，或者置换模型中的某种材质。

（2）激活　下拉菜单"工具"/"材质"，或点击浮动工具面板 🎨 激活。

（3）操作技巧

① 应用材质　激活填充工具后可自动打开材质浏览器。当前激活的材质显示在面板的左上角，点击标签中的材质样本就可以改变当前材质，移动鼠标到绘图窗口中，光标显示为一个油漆桶，在要上色的物体元素上点击就可赋予材质。如果选中多个物体，可以同时给所有选中的物体上色。

② 填充的组合键　填充一个表面时按住 Ctrl 键，会同时填充与所选表面相邻接并且使用相同材质的所有表面；填充一个表面时按住 Shift 键，会用当前材质替换所选表面的材质，模型中所有使用该材质的物体都会同时改变材质；激活填充工具时，按住 Alt 键，再点击模型中的实体，就能提取该实体的材质。

12.1.4　制作组件工具

（1）功能　将一个或多个几何体的集合定义为一个单位，使之可以像一个物体那样进行操作。组件具有相互间的关联行为、同步更新的功能。还可以制作组件库、进行组件替换及对齐到不同表面等功能。

（2）激活　选择实体后，点击下拉菜单"编辑"/"制作组件"，或点击浮动工具面板 ✏ 激活。

（3）操作技巧

① 创建组件　先选择要创建为组件的几何体，然后从编辑菜单中选择"制作组件"，或选择几何体后单击右键弹出快捷菜单，选择"制作组件"，弹出"创建组件"面板，在此可以为组件起名、注释、对齐、坐标轴、面对相机等属性进行设置，完后点击"创建"。

② 插入组件　可以通过组件浏览器插入，从下拉菜单"窗口"/"组件"打开浏览器，也可从下拉菜单"文件"/"导入"，选择组件插入即可。

③ 组件编辑　组件可进行移动、旋转、缩放、镜像、赋予材质、设置坐标、隐藏、显示、炸开等编辑。组件属性发生更改后，相关联的组件同时发生更改。

12.2　绘图工具

12.2.1　直线工具

（1）功能　画线段、多段连接线，或者闭合的形体；也可以用来分割表面或修复被删除的表面；还可以快速准确地画出复杂的三维几何体。

（2）激活　下拉菜单"绘图"/"直线"，或点击浮动工具面板 ✏ 激活。

（3）操作技巧

① 画线　点击确定直线段的起点，往画线的方向移动鼠标，在线段终点处松开，确定一条直线；也可以在数值控制框中输入线段的长度，精确画出指定长度的线段；还可利用绝

对坐标（格式：［x，y，z］）、相对坐标（格式：＜x，y，z＞）、坐标参考线（红、蓝、绿轴）、点（端点、中点）、线、面等辅助参考，画出精确的线段。在 Sketch Up 中，辅助参考随时都处于激活状态。

② 创建表面　三条以上的共面线段首尾相连，可以创建一个表面。必须确定所有线段都首尾相连，在闭合一个表面时，会看到"端点"的提示，闭合后即可创建一个表面。

③ 分割线段　如果在一条线段上开始画线，Sketch Up 会自动把原线段从交点处断开，再次选择原来的线段，就会发现它被等分成两段。

④ 分割表面　画一条两个端点在表面周长上的线段即可将面分割。

⑤ 等分线段　选择直线线段，点击鼠标右键，在关联菜单中选择"等分"，可以将线段进行平均分段，在数值输入框中输入等分数值即可。

12.2.2　矩形工具

（1）功能　矩形工具通过指定矩形的对角点来绘制矩形表面。

（2）激活　下拉菜单"绘图"/"形状"，或点击浮动工具面板■激活。

（3）操作技巧

① 绘制矩形　激活工具，点击确定矩形的第一个角点，移动光标到矩形的对角点，再次点击完成。

② 绘制方形　激活矩形工具，点击第一个对角点，将鼠标移动到对角，出现虚线对角线及"平方"提示时，创建出一个方形。

③ 绘制精确的尺寸　绘制矩形时，它的尺寸在数值控制框中动态显示，可以在确定第一个角点后，或者刚画好矩形之后，通过键盘输入精确的尺寸，如输入"30，40"，可绘制当前默认单位长 30、宽 40 的矩形。

④ 利用参考绘制矩形　Sketch Up 中有强大的几何体参考引擎，绘制矩形时，在绘图窗口中会显示一些参考点、参考线或提示，显示出要绘制的线段与模型中的几何体的精确对齐关系，可以利用这些参考绘制所需要的矩形。

12.2.3　圆形工具

（1）功能　用于绘制圆实体。

（2）激活　下拉菜单"绘图"/"形状"／"圆形"，或点击浮动工具面板●激活。

（3）操作技巧

① 画圆　激活圆形工具，在光标处会出现一个圆，移动光标时 Sketch Up 会依据当前视图，把圆创建到光标位置点所在的坐标平面上，确定圆心位置，从圆心往外移动鼠标来定义圆的半径。

② 指定精确数值　画圆时，相关数值会在数值控制框中动态显示。刚激活圆工具时，显示"边"数，可以根据需要输入数值，一般默认圆的"边"为 24；确定圆心点后显示"半径"，可以输入圆的半径，按回车键确认。

③ 圆的片段数　在 Sketch Up 中，所有的曲线，包括圆，都是由许多直线段组成，虽然圆实体可以像一个圆进行修改，挤压的时候也会生成曲面，但本质上还是由许多小平面构成。圆的片段数较多时，曲率看起来就比较平滑。但是，较多的片段数也会使模型变得更大，从而降低系统性能。因此，应根据实际需要，指定不同的片段数。较小的片段数值结合"柔化边线"和"平滑表面"也可以取得圆润的几何体外观。

12.2.4　多边形工具

（1）功能　多边形工具可以绘制 3～100 条边的外接圆的正多边形实体。

（2）激活　下拉菜单"绘图"/"形状"/"多边形"，或点击浮动工具面板 ▼ 激活。

（3）操作技巧

① 绘制多边形　激活多边形工具，在光标下出现一个多边形，移动光标时 Sketch Up 会依据当前视图，把多边形创建到光标位置点所在的坐标平面上，确定多边形中心点，向外移动鼠标来定义多边形的半径。

② 指定精确数值　刚激活多边形工具时，数值控制框显示的是边数，可以直接输入所需要的边数；绘制多边形的过程中或画好之后，数值控制框显示的是半径。此时若输入边数，可在输入的数字后面加上字母"s"（例如：8s 表示 8 角形）。指定的边数是下一次绘制时的默认值。确定多边形中心后，可以输入精确的多边形外接圆半径，也可以在绘制的过程中和绘制好以后对半径进行修改。

12.2.5　圆弧工具

（1）功能　圆弧工具用于绘制圆弧实体，圆弧是由多个直线段连接而成的，但可以像圆弧曲线那样进行编辑。

（2）激活　下拉菜单"绘图"/"形状"/"圆弧"，或点击浮动工具面板 ⌒ 激活。

（3）操作技巧

① 绘制圆弧　绘图区域选择弧线的起始点，参数框中输入弦的长度、弧线的垂直高度，即可准确绘制出一定尺寸的圆弧。

② 指定精确的圆弧数值　画圆弧时，数值控制框首先显示的是圆弧的弦长。然后是圆弧的凸出距离，可以输入数值来指定弦长和凸距；要指定半径，必须在输入的半径数值后面加上字母"r"（如 24r），然后回车，可以在绘制圆弧的过程中或画好以后输入。要指定圆弧的片段数，可以输入一个数字，在后面加上字母"s"，并回车，可以在绘制圆弧的过程中或画好以后输入。

12.2.6　徒手线绘制

（1）功能　徒手画工具以多义线曲线绘制不规则共面连续线段，或简单的徒手草图物体，绘制等高线或有机体等。

（2）激活　下拉菜单"绘图"/"形状"/"徒手线"，或点击浮动工具面板 ✍ 激活。

（3）操作技巧

① 绘制多义线曲线　激活徒手画工具，在起点处按住鼠标左键，然后拖动鼠标进行绘制，松开鼠标左键结束绘制。用徒手画工具绘制闭合的形体，只要在起点处结束线条绘制，Sketch Up 会自动闭合形体形成面。

② 绘制徒手曲线　徒手草图物体不能产生捕捉参考点，也不会影响其他几何体，可以用徒手线对导入的图像进行描图，勾画草图。要创建徒手草图物体，绘制之前按住 Shift 键画草图，草图物体即可转换为普通的边线物体。

12.3　编辑工具

12.3.1　移动工具

（1）功能　移动工具可以移动、拉伸、复制几何体，也可旋转组件。

（2）激活　下拉菜单"工具"/"移动"，或点击浮动工具面板 ✥ 激活。

（3）操作技巧

① 移动几何体　用选择工具指定要移动的元素或物体，激活移动工具，点击确定移动

的起点，移动鼠标，选中的物体跟着移动。一条参考线会出现在移动的起点和终点之间，数值控制框会动态显示移动的距离，也可以输入一个距离值，再次点击确定。值得注意的是如果没有选择物体就激活移动工具，移动光标会自动选择光标处的任何点、线、面或物体，并移动该实体，点取物体时的点会自动成为移动的基点；如果要精确地移动物体，应先选择物体，然后用移动工具来指定精确的起点和终点。同时，在进行移动操作之前或移动的过程中，可以按住 Shift 键来锁定参考，以避免参考捕捉受到其他几何体的干扰。

② 复制　用选择工具选中要复制的实体，激活移动工具，进行移动操作之前，按住 Ctrl 键，进行复制，在结束操作之后，注意新复制的几何体处于选中状态，原物体则取消选择，也可以用同样的方法继续复制下一个。

③ 创建线性阵列（多重复制）　在移动时按住 Ctrl 键复制一个副本，在数值控制框输入一个复制的倍数来创建多个副本。例如输入 3x（或 * 3）就会复制 3 倍，见图 12-1。另外，也可以输入一个等分值来等分副本与原物体之间的距离。例如输入 5/（或/5）会在原物体和副本之间创建 5 个副本，见图 12-2。

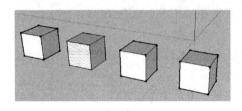

图 12-1

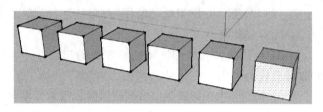

图 12-2

④ 拉伸几何体　移动几何体上的一个元素（点、线、面）时，Sketch Up 会按需要对几何体进行拉伸，从而产生新的几何体。此时，按住 Ctrl 键可以进行复制，按住 Alt 键可以自动折叠，按住 Shift 键可以锁定参考坐标轴。

⑤ 精确控制移动　移动、复制、拉伸时，数值控制框会显示移动的距离长度，长度值采用默认单位，也可以准确指定移动至终点的三维坐标，绝对坐标（[x,y,z]），或相对坐标（<x，y，z>），以及多重复制的线性阵列值。

12.3.2　旋转工具

（1）功能　旋转工具可以在同一旋转平面上旋转物体中的元素，也可以旋转单个或多个物体。如果是旋转某个物体的一部分，旋转工具可以将该物体拉伸或扭曲。

（2）激活　下拉菜单"工具"/"旋转"，或点击浮动工具面板 ⟳ 激活。

（3）操作技巧

① 旋转几何体　用选择工具选中要旋转的元素或物体，激活旋转工具；在模型中移动鼠标时，光标处会出现一个旋转"量角器"，可以对齐到边线和表面上，也可以按住 Shift 键来锁定量角器的平面定位，及利用 Sketch Up 的参考特性来精确定位旋转中心；移动鼠标开始旋转，旋转到需要的角度后，再次点击确定。

② 旋转复制　旋转前按住 Ctrl 键可以进行旋转并复制物体。

③ 环形阵列　用旋转工具复制好一个副本后，可以用多重复制来创建环形阵列。与线性阵列一样，可以在数值控制框中输入复制份数或等分数。例如旋转复制角度为 15 度，在数值框中输入"24x"或"* 24"表示复制 12 份，如图 12-3；或使用等分符号，两者之间的旋转复制角度为 180 度，在数值框中输入"/6"或"6/"，可以等分源物体和第一个副本之

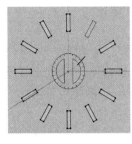
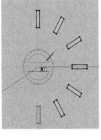
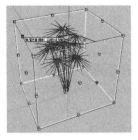
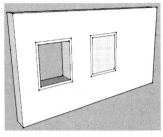

| 图 12-3 | 图 12-4 | 图 12-5 | 图 12-6 |

间的旋转角度，如图 12-4 所示。

12.3.3 缩放工具

（1）功能　缩放（比例）工具可以按比例缩放或拉伸选中的物体。

（2）激活　从下拉菜单"工具"/"缩放"或点击浮动工具面板 激活。

（3）操作技巧

① 缩放几何体　使用选择工具选中要缩放的几何体元素，激活比例工具，点击缩放夹点并移动鼠标来调整所选几何体的大小。注意：不同的夹点支持不同的操作，数值控制框会显示缩放比例，可以在缩放之后输入一个需要的缩放比例值或缩放尺寸，如图 12-5 所示。

② 缩放/拉伸　除了等比缩放，还可以进行非等比缩放，即一个或多个维度上的尺寸以不同的比例缩放；非等比缩放也可理解为拉伸的功能，包括对角夹点、边线夹点、表面夹点等缩放功能，可以在数值框中输入数值进行精确比例控制。

③ 缩放修改键　缩放时按下 Ctrl 键为中心缩放，按下 Shift 键可以切换等比/非等比缩放，同时按住 Ctrl 键和 Shift 键，可以切换到所选几何体的等比/非等比的中心缩放。

④ 使用坐标轴工具控制缩放的方向　可以用坐标轴工具 重新放置绘图坐标轴，然后就可以在各个方向进行精确的缩放控制。重新放置坐标轴后，比例工具就可以在新的红/绿/蓝轴方向进行定位和控制。

12.3.4 推/拉工具

（1）功能　可以用来扭曲、调整模型中的表面，如移动、挤压、结合和减去表面等。

（2）激活　下拉菜单"工具"/"推/拉"，或点击浮动工具面板 激活。

（3）操作技巧

① 创建几何体　用推/拉工具对面进行挤压（曲面除外），产生几何体，推拉过程中或完成后可输入数值进行修改。

② 重复推/拉操作　完成一个推/拉操作后，用鼠标直接双击其他物体表面，可重复上一次的推/拉操作，挤压的数值也保持一样。

③ 挖空物体　如果在几何体上画一闭合形体，用推/拉工具往实体内部推拉，可以挖出凹洞；如果前后表面相互平行的话，推拉至底面可以将其完全挖空，从而挖出一个空洞，如图 12-6 所示，在墙上"挖出"窗子。

④ 垂直移动表面　使用推/拉工具时，可以按住 Ctrl 键强制表面在垂直方向上移动，并创建几何体。

12.3.5 放样工具

（1）功能　也称路径跟随工具，它是将平面以垂直于预定的线运动得到体的工具。

（2）激活　下拉菜单"工具"/"路径跟随"，或点击浮动工具面板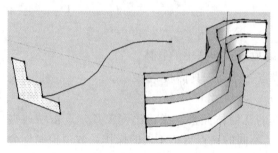激活。

（3）操作技巧

① 沿路径手动创建几何体　确定需要修改的几何体的边线（"路径"），绘制一个沿路径放样的剖面（注：此剖面与路径垂直相交），用放样工具点击剖面，移动鼠标沿路径放样产生几何体；也可先选择放样路径，后用放样工具直接点击剖面，从而生成放样几何体。如图 12-7 为弧形台阶放样。

② 自动沿某个面路径创建几何体　确定需要修改的几何体的边线，绘制一个沿路径放样的剖面，选择放样工具，按住 Alt 键，点击剖面，从剖面上把指针移到路径所在面，路径将会自动闭合形成几何体，如图 12-8 为须弥座的放样。

图 12-7

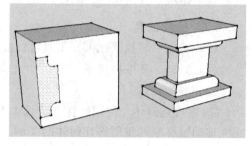

图 12-8

③ 创建旋转体　绘制一个圆，圆的边线作为路径，绘制一个垂直圆的表面作为剖面，进行放样。如图 12-9 所示，为球体、圆锥、圆台、圆盘的放样。

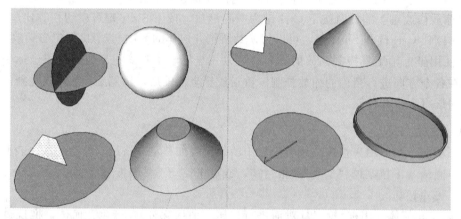

图 12-9

12.3.6　偏移工具

（1）功能　偏移工具可以对表面或一组共面的线进行偏移复制。

（2）激活　下拉菜单"工具"/"偏移"，或点击浮动工具面板激活。

（3）操作技巧

① 面的偏移　用选择工具选中要偏移的表面，激活偏移工具，点击所选表面的一条边，拖曳光标来定义偏移距离或在数值控制框中输入偏移距离，点击确定，创建出偏移多边形；或直接激活偏移工具并点击要偏移的面，移动光标或输入数值确定偏移距离。

② 线的偏移　用选择工具选中要偏移的线，必须是两条以上相连且共面的线，激活偏移工具，拖曳光标来定义偏移距离或输入数值确定偏移距离。

12.4　辅助工具使用

12.4.1　测量工具

（1）功能　测量两点间的距离，创建辅助线，缩放整个模型。

（2）激活　下拉菜单"工具"/"卷尺"，或点击浮动工具面板 ![icon] 激活。

（3）操作技巧

① 测量距离　激活卷尺工具，点击测量距离的起点，按住鼠标，然后往测量方向拖动，再次点击确定测量的终点，最后测得的距离会显示在数值控制框中。测量工具可以测出模型中任意两点的准确距离。

② 创建辅助线和辅助点　用卷尺工具在边线上点击，然后拖出辅助线，可以创建一条平行于该边线的无限长的辅助线，如图 12-10；或在点（端点或中点）上点击，然后拖出辅助线，会创建一条端点带有十字符号的辅助线段，如图 12-11。

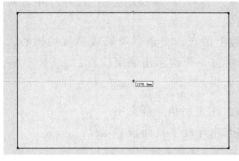

图 12-10　　　　　　　　　　　　　　　　　　　图 12-11

③ 缩放整个模型　激活测量工具，点击作为缩放依据线段的两个端点，数值控制框会显示这条线段的当前长度，通过键盘输入一个调整比例后的长度，回车，出现一个对话框，询问"是否调整模型的尺寸"，选择"是"，模型中所有的物体都按指定的长度和当前长度的比值进行缩放。但在缩放模型的时候，所有从外部文件插入的组件不会受到影响，而在当前模型中直接创建和定义的内部组件会随着模型缩放。

12.4.2　量角器工具

（1）功能　测量角度和创建辅助线。

（2）激活　下拉菜单"工具"/"量角器"，或点击浮动工具面板 ![icon] 激活。

（3）操作技巧

① 测量角度　激活量角器工具，移动光标时，量角器会根据旁边的坐标轴和几何体而改变自身的定位方向，把量角器的中心设在要测量的角的顶点上，将基线对齐到测量角的起始边上，拖动鼠标旋转量角器，捕捉要测量的角的第二条边，光标处会出现一条绕量角器旋转的点式辅助线，再次点击完成角度测量，角度值会显示在数值控制框中。

② 创建角度辅助线　激活量角器工具，捕捉辅助线将经过的角的顶点，点击放置量角器的中心，在已有的线段或边线上点击，将量角器的基线对齐到已有的线上，出现一条新的辅助线，移动光标到相应的位置，再次点击放置辅助线。角度可以通过数值控制框输入。

③ 输入精确的角度值　用量角器工具创建辅助线的时候，旋转的角度会在数值控制框中显示，可以在旋转的过程中或完成旋转操作后输入一个旋转角度。数值可以是角度（如

43.2°），也可以是斜率（如 4∶5）。

12.4.3　坐标轴工具

（1）功能　坐标轴工具可以在模型中移动绘图坐标轴，可以在斜面上方便地建构起矩形物体，也可以更准确地缩放那些不在坐标轴平面的物体。

（2）激活　下拉菜单"工具"/"坐标轴"或点击浮动工具面板 ✹ 激活。

（3）操作技巧　重新定位坐标轴：激活坐标轴工具，移动光标到要放置新坐标系的原点，移动光标来对齐红色轴的新位置，移动光标来对齐绿色轴的新位置，点击确定，蓝色轴自动垂直于红/绿轴平面。

12.4.4　尺寸标注工具

（1）功能　尺寸标注工具可以对模型进行尺寸标注。

（2）激活　下拉菜单"工具"/"尺寸标注"，或点击浮动工具面板 ✗ 激活。

（3）操作技巧

① 标注设置　标注的全局设置可以在下拉菜单"窗口"/"模型信息"/"尺寸"中，对文字、标注引线、尺寸标注、输出标注等选项进行设置。

② 标注　适合的标注点包括端点、中点、边线上的点、交点以及圆或圆弧的圆心。激活标注工具，选择要标注的点或线，移动光标拖出标注，再次点击确定位置。

12.4.5　文字标注工具

（1）功能　用来插入文字到模型中，文字包括引注文字和屏幕文字。

（2）激活　下拉菜单"工具"/"文字标注"，或点击浮动工具面板 █ 激活。

（3）操作技巧

① 文字的设置　用文字工具创建的文字物体可以在下拉菜单"窗口"/"模型信息"/"文字"中进行设置，包括字体类型、颜色、引线类型、引线端点符号等。

② 放置引注文字　激活文字工具，并在实体上（包括表面、边线、顶点、组件、群组等）点击，指定引线所指的点，然后点击放置文字。默认情况下，文字为该点所在面的面积，或该点所在点的坐标，或该点所在线的长度。也可在文字输入框中输入所需的注释文字，按两次回车或点击文字输入框的外侧完成输入。任何时候按 Esc 键都可以取消操作。

③ 放置屏幕文字　激活文字工具，并在屏幕的空白处点击，在出现的文字输入框中输入注释文字，按两次回车或点击文字输入框的外侧完成输入。屏幕文字在屏幕上的位置是固定的，不受视图改变的影响。

④ 文字的编辑　用文字工具或选择工具在文字上双击即可编辑。也可以在文字上右击鼠标弹出关联菜单，再选择"编辑文字"。

12.4.6　三维文字工具

（1）功能　用来插入三维文字到模型中。

（2）激活　下拉菜单"工具"/"三维文字"，或点击浮动工具面板 ▲ 激活。

（3）操作技巧　放置三维文字：激活三维文字工具，弹出"放置三维文字"面板，可以在面板上输入文字内容，设置字体、对齐、高度、形状、挤压等内容，设置完后进行放置在所需的位置即可。

12.4.7　剖面工具

（1）功能　用来创建剖切效果，获取剖面。

（2）激活　下拉菜单"工具"/"外壳"，或点击浮动工具面板激活。

（3）操作技巧

① 增加剖切面　激活工具，光标处出现一个新的剖切面，移动光标到几何体上，剖切面会对齐到每个表面上。这时可以按住 Shift 键来锁定剖面的平面定位，在合适的位置点击鼠标左键放置。如图 12-12 所示为石拱桥剖面的提取。

② 组和组件中的剖面　用选择工具双击组或组件，就能进入组或组件的内部编辑状态，从而编辑组或组件内部的物体，并在它们内部用剖面工具激活各自的剖切面。

③ 创建剖面切片的组　在剖切面上右击鼠标，在关联菜单中选择"剖面创建组"，这时在剖切面与模型表面相交的位置产生新的边线，并封装在一个组中，由此可以创建复杂模型的剖切面的线框图，如图 12-13 所示为石拱桥剖面线框图。

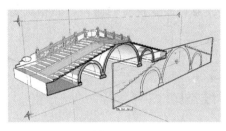

图 12-12

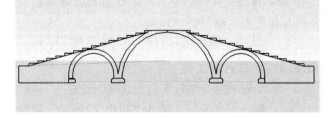

图 12-13

12.5　相机工具

12.5.1　转动工具

（1）功能　相机绕着模型旋转，观察模型外观时特别方便。

（2）激活　下拉菜单"相机"/"转动"，或点击浮动工具面板激活。

（3）操作技巧

① 转动视图　激活转动工具，在绘图窗口中按住鼠标并拖曳，盘旋工具会自动围绕模型视图的大致中心旋转。

② 相关快捷键　鼠标中键，如果是三键鼠标/滚轮鼠标，在使用其他工具（漫游除外）的同时，按住鼠标中键，可以临时激活盘旋工具；平移，使用转动工具时，按住 Shift 键可以临时激活平移工具；摇晃，转动工具开启了重力设置，可以保持竖直边线的垂直状态，按住 Ctrl 键可以屏蔽重力设置，从而允许照相机摇晃。转动工具的默认快捷键为"O"。

③ 工具切换　在使用相机工具时，点击鼠标右键弹出快捷菜单，可以切换成其他相关的相机工具，如转动、平移、绕轴旋转、漫游、窗口、充满视窗等。

12.5.2　平移工具

（1）功能　可以相对于视图平面水平或垂直地移动照相机。

（2）激活　下拉菜单"相机"/"平移"，或点击浮动工具面板激活。

（3）操作技巧

① 平移视图　激活平移工具，然后在绘图窗口中按住鼠标并拖曳即可。

② 快捷键　如果是三键鼠标或滚轮鼠标，可以在使用任何工具的同时，同时按住 Shift 键和鼠标中键/滚轮，临时切换成平移工具，进行视图平移。平移工具的默认快捷键为"H"。

12.5.3　缩放工具

（1）功能　缩放工具可以动态地放大和缩小当前视图。

（2）激活　下拉菜单"相机"/"实时缩放"，或点击浮动工具面板 🔍 激活。

（3）操作技巧

① 缩放　激活缩放工具，在绘图窗口的任意位置按住鼠标，并上下拖动即可，向上拖动鼠标是放大视图；向下拖动鼠标是缩小视图，缩放的中心是光标所在的位置；如果鼠标带有滚轮，在任何时候都可以用滚轮来缩放视图；鼠标双击，可以直接将双击的位置在视图里居中。

② 调整透视图　当激活缩放工具的时候，可以输入一个准确的值来设置透视或照相机的焦距。如输入"35"表示设置一个35（度）的照相机镜头；也可以在缩放的时候按住Shift键，来进行动态调整焦距，在合适的度数时停止。注意，改变视野的时候，照相机仍然留在原来的三维空间位置上。

③ 快捷键　缩放工具的默认快捷键为"Z"。

12.5.4　窗口缩放工具

（1）功能　窗口缩放工具是选择一个矩形区域来放大至全屏。

（2）激活　点击下拉菜单"相机"/"窗口"激活。

（3）操作技巧

① 窗口缩放　激活窗选缩放工具，按住鼠标，拖曳出一个窗口，再放开鼠标时，选区就被放大，充满整个绘图窗口了。

② 快捷键　软件默认为Ctrl+Shift+w，该工具使用较为频繁，可直接设置为w，方便操作。

12.5.5　充满视窗工具

（1）功能　充满视窗（全屏缩放）工具可以缩放整个模型区域，使整个模型在绘图窗口中居中，并充满全屏。

（2）激活　下拉菜单"相机"/"充满视窗"，或点击浮动工具面板 🔍 激活。

12.5.6　撤销/恢复视图工具

（1）功能　撤销/恢复视图。

（2）激活　下拉菜单"相机"/"上一个"或"下一个"，或点击浮动工具面板 ⟲⟳ 激活。

12.5.7　放置相机位置工具

（1）功能　在设计过程的任何阶段，可以通过放置相机得到精确且可以量度的透视图。

（2）激活　下拉菜单"相机"/"配置相机"，或点击浮动工具面板 👤 激活。

（3）操作技巧　放置相机：激活工具，在数值控制框中输入所需视点高度，鼠标单击把照相机放置在点取的位置上；也可以点击并拖曳鼠标确定相机位置及视高，先点击确定照相机所在的位置，然后拖动光标到要观察的点，再松开鼠标即可。

12.5.8　观察工具

（1）功能　观察工具让照相机以自身为固定旋转点，旋转观察模型。

（2）激活　下拉菜单"相机"/"观察"，或点击浮动工具面板 👁 激活。

（3）操作技巧

① 绕轴旋转　激活观察工具，在绘图窗口中按住鼠标左键并拖曳，在合适的位置停止。

② 指定视点高度 使用观察工具时,可以在数值控制框中输入一个数值,来设置准确的视点距离地面的高度。

12.5.9 漫游工具

(1) 功能 漫游工具可以像散步一样地观察模型。漫游工具还可以固定视线高度,然后在模型中漫步。但只有在激活透视模式的情况下,漫游工具才有效。

(2) 激活 下拉菜单"相机"/"漫游",或点击浮动工具面板 👣 激活。

(3) 操作技巧

① 使用漫游工具 激活漫游工具,在绘图窗口的任意位置按下鼠标左键,出现一个十字符号,这是光标参考点的位置,继续按住鼠标不放,向上移动是前进,向下移动是后退,左右移动是左转和右转。距离光标参考点越远,移动速度越快。移动鼠标的同时按住 Shift 键,可以进行垂直或水平移动;按住 Ctrl 键可以移动得更快像"奔跑",该功能在大型场景动画制作中非常有用。激活漫游工具后,还可以利用键盘上的方向键进行相关方向的操作。

② 调整视野 在模型中漫游时通常需要调整视野。要改变视野,可以激活缩放工具,按住 Shift 键,再上下拖曳鼠标即可调整视野角度。

③ 绕轴旋转快捷键 在使用漫游工具的同时,按住鼠标中键可以快速旋转视点。其实就是临时切换到绕轴旋转工具。

12.6 沙箱工具

沙箱是环境设计中重要的组成部分,掌握创建复杂地形尤其是不规则地形的方法很重要。在 Sketch Up 中,可以利用其自带的"沙箱工具"来完成建模。常用的地形创建有两种方法:等高线法和网格法。

12.6.1 等高线法

根据等高线生成地形,是最常用的地形创建方法,适合创建精确度要求较高的地形模型。具体步骤如下:

① 先在 AutoCAD 中绘制好地形等高线,并将 CAD 文件导入 Sketch Up 中,如图 12-14 所示。

② 双击选中一根等高线,将其移动至竖向要求的高度。依次将所有的等高线移至相应的高度,如图 12-15、图 12-16 所示。

③ 选中所有等高线,单击工具栏中的"用等高线生成"按钮 🔲 ,经过系统计算后,会自动生成地形,如图 12-17 所示。

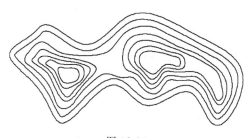

图 12-14

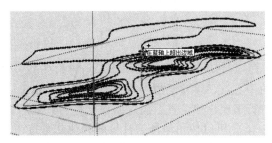

图 12-15

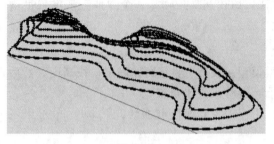
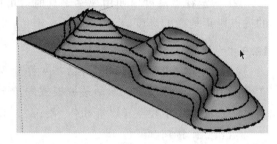

图 12-16   图 12-17

由"沙箱工具"生成的地形是一个群组，右键单击这个群组，选择"隐藏"命令，将不需要的等高线隐藏，可以看到所绘制的地形效果，如图 12-18 所示。

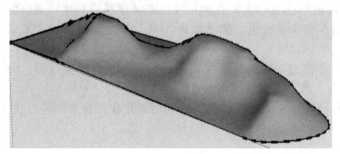

图 12-18

12.6.2 网格法

先建立网格，然后利用挤压工具修改网格在竖向上的起伏程度，从而达到创建地形的目的。这种方法的优点在于能够即时显示正在创建中的地形，比较适合方案推敲或者创建精度要求不高的地形。具体操作步骤如下：

① 建立网格系统，单击地形工具栏的按钮▦，在输入框输入网格间距（3000mm），按回车，单击起始点，移动光标至终点确定网格的一条边，继续移动光标至另一条边的终点；也可以直接输入长度值来完成边线，如图 12-19~图 12-21 所示。

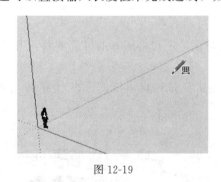
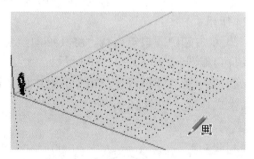

图 12-19   图 12-20

② 利用挤压工具创建地形，单击地形工具栏的按钮▨，输入拉伸半径值；单击要拉伸的中心点，移动至相应高度再次单击，也可以直接输入需拉伸的数值；改变拉伸半径，继续进行多次拉伸，直至满意的程度，完成地形创建，如图 12-22、图 12-23 所示。

③ 可以使用地形工具栏的其他几个按钮，对地形进行修改或局部调整。调整完地形后，右键选择地形群组，在出现的菜单中选择"柔化/平滑曲线"，将平滑值调至最高，得到最后

图 12-21

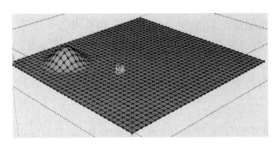

图 12-22

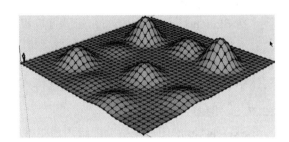

图 12-23

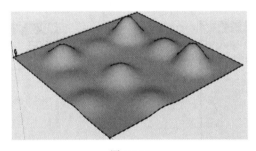

图 12-24

的地形，如图 12-24 所示。

12.7　其他工具

12.7.1　隐藏工具

　　在进行复杂场景绘制的时候，由于构成元素太多，对细部进行选择或编辑时不易操作，而且运算速度慢，因此，可以根据需要隐藏暂时不需要的元素，在最后做后期渲染图时才使其显示出来。选择物体后，右键激活快捷菜单，选择"隐藏"可隐藏物体，或在下拉菜单"隐藏"/"显示"来控制。

12.7.2　群组工具

　　群组工具用来组织模型中的几何体。群的设置可以是几个群的复合体，能不断地增加子群。选择多个几何体后，右键激活快捷菜单，选择"创建群组"，或点击下拉菜单"创建群组"。群组具有快速选择多个元素、几何体隔离、有效管理模型、提高计算机性能等优点。编辑群组时只需双击进入群组内部进行编辑即可。用"炸开"可以将群组分离。

12.7.3　组件工具

组件是将一个或多个几何体的集合定义为一个单位，使之可以像一个物体那样进行操作。先选择要创建为组件的几何体，然后点击下拉菜单"编辑"/"创建组件"，也可以右键激活快捷菜单的"创建组件"，或点击浮动工具栏上的 ◇ 按钮，弹出"创建组件"命令面板，可以给组件"名称""注释"及"对齐"的设置，如图 12-25 所示。

组件可导出组成组件库，如将建成的亭子、树、人、家具等几何体组件存储到组件库中，随时可以调用。对组件进行修改可以通过鼠标左键双击组件进入内部进行修改，同一组件之间具有关联性，其中一个组件修改，另外的组件亦将修改。组件的出现方便了用户之间数据交流，也大大丰富了图库的素材，软件还提供了直接在线搜索组件的功能。

12.7.4　模型交错

在 Sketch Up 中，使用布尔运算可以很容易地创造出复杂的几何体。几何体相交的情况下，右键弹出快捷菜单"交错"/"模型交错"或"所选对象交错"，几何体自动在相交的地方创造边线和新的面，这些面可以被推、拉、删除等操作，用以创造出新的几何体。如果交错实体中有一个是组，当编辑组的时候选择模型交错，交错线就会出现在组上面。

12.7.5　图层

Sketch Up 的图层是指分配给图面组件或对象并给予名称的属性。将对象配置在不同的图层中，可以更简单地控制颜色与显示状态，从而有效管理几何体。在图层管理器中可以进行新建/删除、置为当前、显示/隐藏、重命名、赋予颜色等相关操作，如图 12-26 所示。

图 12-25

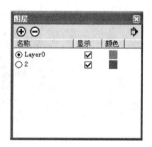

图 12-26

13 Sketch Up 三维空间建模

Sketch Up 软件近几年来在工程制图中获得越来越多设计师的好评及大量运用，关键在于其建模简单、易学且功能强大，建模过程如同在现实中搭建积木，可以做得非常准确、精密，同样也可以做得简单、粗糙，具有较大的延展性和灵活性。在 Sketch Up 软件的几何体中，线（也称为边线）是最基本的构成元素。线在三维空间中互相连接组合成体的架构，通过线的围合可以形成面、体，通过面的"推/拉"可以形成体，通过线与面的"放样"可创建几何体，通过体与体之间的"模型交错"可以创建出复杂的体等。Sketch Up 软件的模型创建，操作简单、功能强大，可以在短时间内掌握。

13.1　单体模型制作

单体模型制作以常见的电脑桌、花架、石拱桥的模型为例，从易到难介绍 Sketch Up 三维建模的过程和技巧。

13.1.1　电脑桌模型

（1）建模前准备　在进行任何模型的建模前，必须首先掌握所建模型的大概（或精确）尺寸，如图 13-1 所示，电脑桌的尺寸可以自己设计，也可以实测。

（2）第一块桌脚板的制作　在顶视图中，用"矩形工具"绘制 20mm×390mm 的矩形，如图 13-2 所示。转换到等角透视图，用"推/拉"工具拉高为 600mm 的板，如图 13-3 所示。

（3）拷贝电脑桌脚板　复制电脑桌脚板，使其板间距分别为 380mm、540mm，如图 13-4 所示。

（4）制作电脑桌台板　制作电脑桌的台板要用辅助线确定相互之间的位置，如确定右下

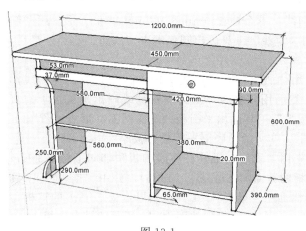

图 13-1

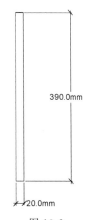

图 13-2

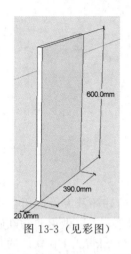

图 13-3 （见彩图）

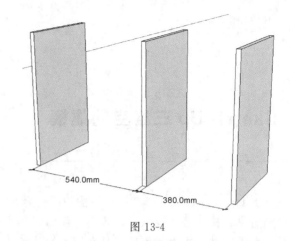

图 13-4

角第一块台板的位置时，可用"测量"工具从板的底部拉出距离 65mm 的辅助线，然后将该辅助线又向下拉出距离 20mm 的又一辅助线。确定台板的厚度，用"矩形"或"直线"工具画出台板截面，后用"推/拉"工具拉出台板长度至电脑桌脚板。同样的方法，可制作第二块台板，但该台板宽度为 290mm，应先用辅助线确定这一距离后，再画截面，最后"推/拉"出台板，如图 13-5 所示。

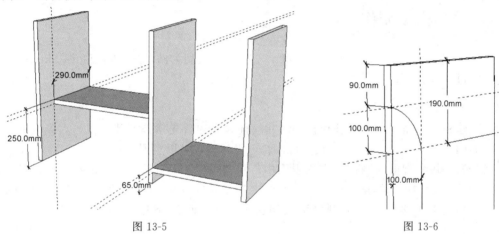

图 13-5

图 13-6

　（5）制作电脑桌脚板企口与底部平衡板　在最左边的脚板上，利用"测量"工具拉出距离上边 90mm、左边 100mm 的辅助线，围合成 100mm×100mm 的正方形，用"圆弧"工具画出如图 13-6 所示的圆弧，后用"直线"工具画出圆弧端点至底边的直线，最后用"推/拉"工具推出弧形企口，如图 13-7 所示。

　　在最左边的电脑桌脚板底部，用"测量"工具从底部拉出高 60mm 的辅助线，右边分别拉出 50mm、100mm 的辅助线，然后用"直线"工具沿辅助线画出平衡板上边直线、底部延长 100mm 的直线，最后用"圆弧"工具画出平衡板的端头圆弧，形成如图 13-8 所示的面，最后用"推/拉"工具拉出如图 13-9 所示的底部平衡板，板厚 20mm。

　　（6）制作键盘台板与抽屉　首先用"测量"工具在中间脚板顶部向下拉出 900mm 的辅助线，用"矩形"工具画出键盘台板的截面（390mm×20mm），并用"推/拉"工具将其拉至左边台板。按住 Ctrl 键，在台板侧面用"推/拉"工具拉出厚度为 20mm 的挡板，最后用"推拉"工具向上拉出台板边的高度（37mm），得到如图 13-10 所示的键盘台板。

　　用制作键盘台板的方法，制作右边的抽屉（390mm×380mm×90mm），如图 13-11 所示。

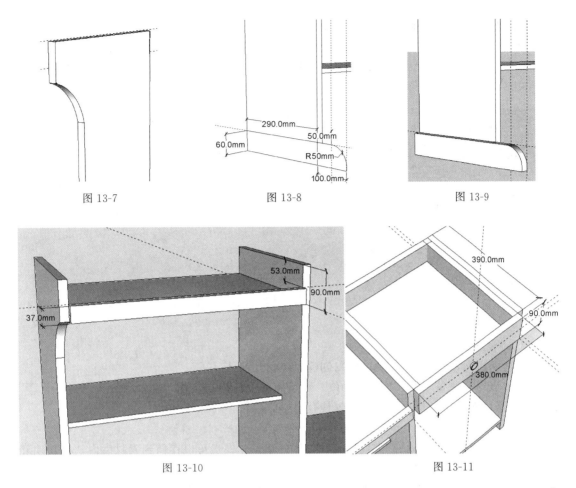

图 13-7　　　　　　　　　　图 13-8　　　　　　　　　　图 13-9

图 13-10　　　　　　　　　　　　　　　图 13-11

（7）抽屉拉手的制作　在抽屉的前挡板上，用"测量"工具拉出两条中心线确定面的中心。用"圆"工具在中心画出直径 20mm 的圆，用"推/拉"工具拉出厚度为 5mm 的圆柱，后用"偏移"工具在圆柱的顶端偏移出 4mm 的圆，最后用"推/拉"工具拉出厚度 2mm 的抽屉拉手。如图 13-12 所示。

（8）电脑桌面板的制作　在电脑桌左右两块脚板的顶端，用"矩形"工具对角线拉出 1000mm×390mm 的矩形，用"偏移"工具向外偏移 30mm 的距离，得到 1060mm×450mm 的矩形，如图 13-13 所示。用"推拉"工具将两个矩形拉出厚度为 20mm 的桌面，并对桌面左右两端的截面拉伸出 70mm，使左右两边挑出桌脚板达 100mm，如图 13-14 所示。选中桌

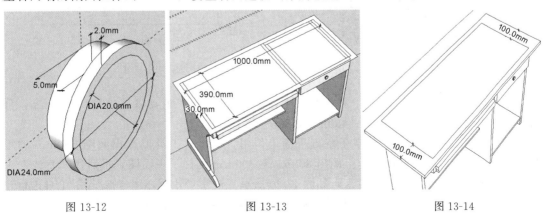

图 13-12　　　　　　　　　　图 13-13　　　　　　　　　　图 13-14

面上的矩形，点击右键弹出快捷菜单，选择"隐藏"，得到完整的桌面。

（9）桌面板企口的制作　在桌面板一端，用"弧"形工具制作一半径为10mm的半圆，如图13-15所示。选中桌面边沿的四条边，用"路径跟随"工具点击半圆，得到桌面板的企口，如图13-16所示。

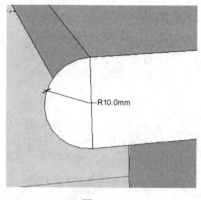

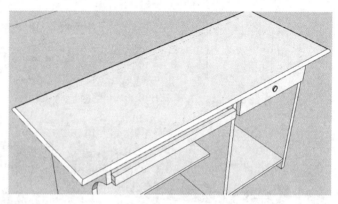

图 13-15　　　　　　　　　　　　　　　　　图 13-16

（10）电脑桌建模要点

① 灵活应用"推/拉"工具，可以创建出各种几何体。

② 可以用"测量"工具及其辅助线，精确定位几何体的位置。

③ "路径跟随"工具在制作企口时具有很好的效果。

13.1.2　亭子建模

在室外环境中，亭子是最常见的园林单体。亭子建模后可以存储到素材库内，在其他环境中插入使用，如图13-17所示。

（1）亭子平面图的制作　在顶视图中，利用"矩形"工具画出4500mm×4500mm的亭子平面图，并在右边设置宽2000mm的三级台阶（2000mm×300mm），台阶精确位置可用辅助线或直线工具输入数值进行确定，如图13-18所示。

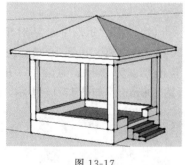

图 13-17

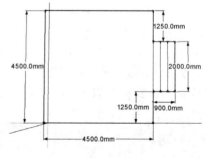

图 13-18

（2）亭子基础与台阶制作　在平面图上，应用"推/拉"工具将基础拉高600mm，分别将台阶拉高150mm、300mm、450mm，如图13-19所示。

（3）柱子与座凳制作　在亭子基础平面上，用"偏移"工具偏移出间距300mm的矩形，并用"矩形"工具在四个角上画出300mm×300mm的柱子平面图，最后用"直线"工具将亭子入口处台阶位置线画出来，如图13-20所示。按住Ctrl键，用"推/拉"工具进行拉高，可以保留基础平面原有边线，柱子拉高2700mm，座凳拉高350mm，如图13-21所示。

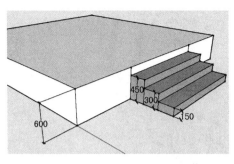

图 13-19

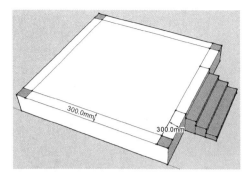

图 13-20

（4）亭顶制作　用"矩形"工具在柱顶画出 300mm×300mm 的梁，如图 13-22 所示。用"偏移"工具在梁的基础上向外偏移 600mm，并向上拉高 120mm，成为亭顶棚的厚度。用"直线"工具连接亭顶棚的对角线，并在对角线中点上画出 1500mm 的垂直线，如图 13-23 所示，将四个角点与垂直线顶端连接，即可得到如图 13-17 所示的亭子模型。

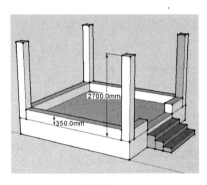

图 13-21

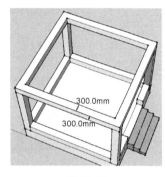

图 13-22

（5）亭子建模要点

① 按住 Ctrl 键进行"推/拉"，可以保留原有平面的边线。

② "直线"围合可以形成面、体。

13.1.3　仿古建筑建模

仿古建筑没有古建筑那样具有较多的细节，但具有古建筑的神韵，因此在环境设计中应用较为普遍，如图 13-24 所示。

（1）建筑平面图　建筑平面可以根据尺寸在顶平面图中应用"直线""测量"工具进行绘制，也可在 AutoCAD 中绘制好后，导入 Sketch Up 软件中，如图 13-25 所示。

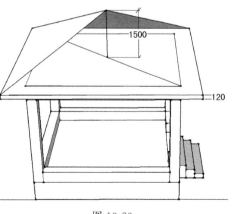

图 13-23

（2）建筑台阶制作　建筑台阶踏步宽为 300mm，高为 150mm，根据平面图的位置，首先应用推拉工具将台阶及建筑台基拉高，如图 13-26 所示。然后在原垂带平面的基础上进行拉高 150mm，垂带顶与建筑台基齐平，垂带向外延伸出一个台阶宽度的端头石，最后用直线将垂带顶部与端头石中点连接，形成一定角度的台阶垂带，如图 13-27 所示。

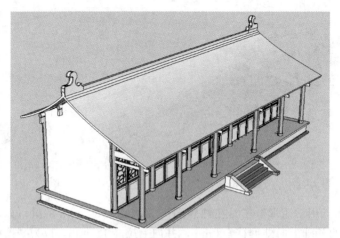

图 13-24

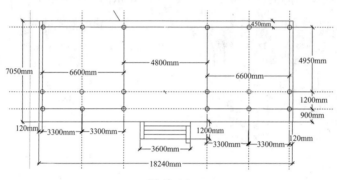

图 13-25

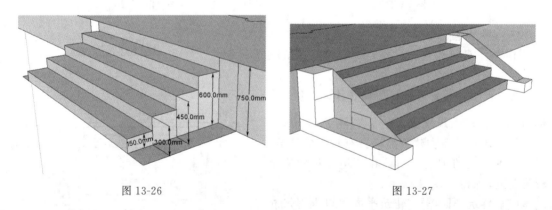

图 13-26   图 13-27

（3）制作建筑台基　在建筑台基的一端，利用"辅助测量""直线"工具画出550mm×150mm，右边企口为50mm×50mm的截面，如图13-28所示。然后利用"放样"工具，对台基进行放样，得到如图13-29所示的台基效果。

（4）制作柱础及柱子　在柱子的预留位置处，用"圆"工具画出半径150mm的圆，并在圆心处画高150mm的直线垂直于圆，以圆半径为另一边画出150mm×150mm的正方形，然后以正方形外边为弦，用"圆弧"工具画一距离弦25mm的圆弧，后将正方形当作弦的边删除，形成如图13-30所示的面，最后用"放样"工具以圆作为路径，以垂直面作为面进行放样，得到如图13-31所示的柱础。

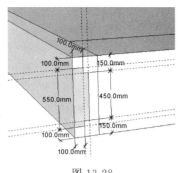

图 13-28

图 13-29

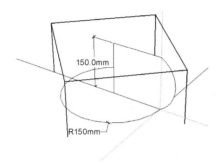

图 13-30

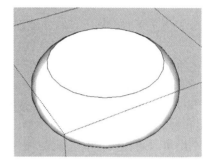

图 13-31

在柱础顶部,用"偏移"工具选中圆,向内偏移
20mm,形成柱子底部,用"推拉"工具将柱子底部圆拉
高 3000mm,得到如图 13-32 所示的柱子。

（5）柱阵与梁架的制作　根据建筑平面中柱的相互关
系,进行柱子的拷贝排列,得到如图 13-33 所示的柱子排
列效果。结合古建筑六架前檐廊的构造,梁的截面规格为
300mm×100mm,枋的截面规格为 150mm×100mm,檩
的半径为 100mm,相关效果参考图 13-34。

（6）椽子与屋面的制作　在建筑的侧立面,根据梁架
结构关系,制作椽子的侧立面,如图 13-35 所示,将椽子
立面拉厚 50mm,按间距 300mm 进行排列,效果如图 13-36 所示。

图 13-32

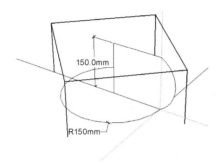

图 13-33

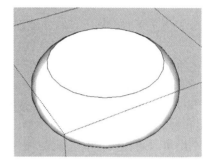

图 13-34

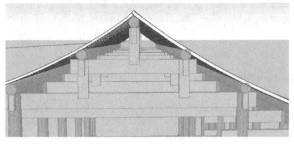

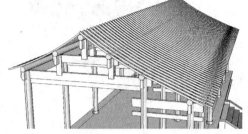

图 13-35   图 13-36

在椽子侧立面的基础上，制作屋顶的侧立面，并进行拉伸，形成如图 13-37 所示的屋面效果。

（7）木质槅扇门（窗）制作　古建筑木质槅扇门（窗）图案一般较为复杂，建模时可以用 AutoCAD 软件进行描图，后导入 Sketch Up 软件进行厚度的推拉，也可将槅扇门图片直接导入 Sketch Up 软件中，用工具进行描图，然后进行推拉，如图 13-38 所示，槅扇门（窗）制作好后，可以在柱间进行安装，效果图如图 13-39 所示。

（8）山墙的制作　在侧立面两根柱子之间，以中轴线为准，应用"直线"工具画出宽 240mm 的墙的底面，然后拉出山墙的高度至屋檐口，最后根据屋顶的曲线，制作出山墙外立面，效果图如图 13-40 所示。

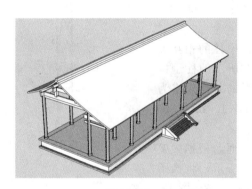

图 13-37   图 13-38

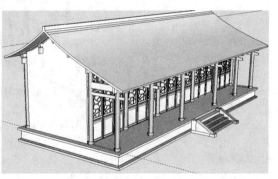

图 13-39   图 13-40

（9）屋顶脊饰的制作 古建筑屋顶脊饰较为复杂，多为圆雕作品，用软件制作较为困难，因此，仿古建筑模型仅在脊上制作简化的"兽吻"，如图13-41所示。

（10）仿古建筑建模要点

① 熟悉古建筑的相关结构、尺寸大小和比例关系。

② 由基座开始，一步步顺序制作，如同现实中古建筑建设的程序。

③ 不追求细致刻画，以神似和比例协调为主。

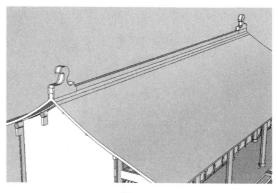

图 13-41

13.2 复杂单体建模

景观设计中常常遇到较为复杂的单体建筑，如图 13-42 所示的重檐八角亭，进行建模时，可以应用解构的方法，从基础开始进行拆解，一个个部件建成后进行组合。

（1）基础制作 在顶视图上，应用"多边形"工具画一半径 4500mm 的正八边形，并拉高 450mm，在相隔边上设置出入口，入口台阶宽 1800mm，三级台阶，具体方法可参照本章 13.1.3 节的台阶制作方法，亭子一层的外廊宽 900mm，在底层平面上用"偏移"工具向内偏移 900mm，然后再向内偏移 150mm 得到亭子地梁的平面，如图 13-43 所示。

图 13-42

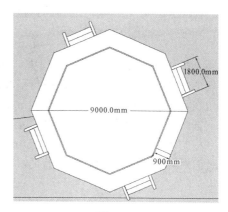

图 13-43

（2）亭子一层柱子与隔断的制作 外廊柱子的直径为 240mm、高 3600mm，亭子一层承重柱直径为 300mm、高 4500mm。在顶平面中用"圆"工具画出，柱子平面，并制作成"组件"再进行拉高和阵列，如图 13-44 所示。

隔断的制作可以参照本章中隔断的制作方法，制作完成后将隔断全部选中作成"组件"保留以备后用，最后进行阵列，效果如图 13-45 所示。

（3）制作亭子一层结构梁 以亭子结构梁的规格为 100mm×300mm 为例，其制作方法是在两根八角形对角的柱头中心画一条辅助线，以辅助线中点为中心画一正八角形的面，然后以八角形的边为中线，向内偏移 50mm，向外偏移 50mm，最后删除中心面和中线，如图 13-46 所示。然后将剩下的八角形圈梁的顶面选中制作成"群组"，并将其向下拉厚为 300mm，制作出亭子的圈梁。同理可以制作出木隔断上的圈梁及外廊圈梁，如图 13-47 所示。

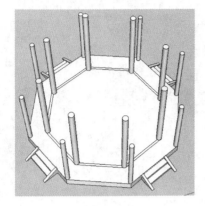

图 13-44

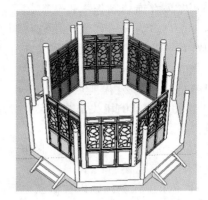

图 13-45

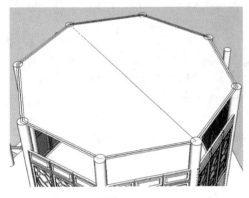

图 13-46

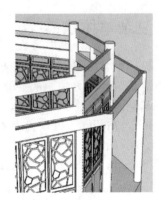

图 13-47

（4）穿插枋的制作　在建模过程中，如何确定基准面（点），并由此延伸出三维物体，具有一定的技巧性。穿插枋是外廊柱与亭柱之间的受力枋，故在外廊柱顶的圈梁顶平面上连接其对角线，并将其向两边各偏移 50mm 进行拷贝，连接两条线端点形成如图 13-48 所示的矩形面，选中矩形的面、线，存为名"穿插枋"的组件。选中组件，向上拉高 300mm，向内拉至亭柱的中心，向外拉至廊柱外 150mm 处，然后将穿插枋向下移动，使枋的顶平面与圈梁顶平面对齐，最后用"旋转"工具，将穿插枋呈 45°阵列 7 个，最后形成如图 13-49 所示的效果。

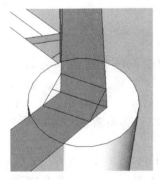

图 13-48

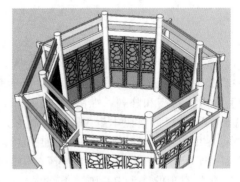

图 13-49

（5）外廊檐檩及斜脊梁制作　以外檐圈梁中线为放样线，在穿插枋侧面上制作一半径为 50mm 的圆，将两者进行放样，得到如图 13-50 所示的檐檩。然后再以穿插枋组件为基础，按住 Ctrl 键，向上拉高 600mm，向外拉出 600mm，根据古建的相关比例，在穿插枋的侧面制作如图 13-50 所示的斜脊梁、嫩戗、老戗侧面，最后将空白处推掉，得到斜脊梁、嫩戗、老戗，如图 13-51 所示。

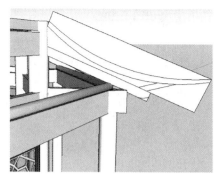

图 13-50

（6）一层挑檐屋面制作　以斜脊梁底边线为参考，用"圆弧"工具画出屋面的左右两边弧形边线，并用直线连接两条弧线的上边端点，形成屋面的上边线，接着用"圆弧"以垂直面为参考，连接左右两弧线端点，画出屋面的下边弧形，如图 13-52 所示。最后用"选择"工具选择屋面的四边线，点击"用等高线生成"工具，形成屋面，效果如图 13-53 所示。

一边的屋面制作后，选中屋面并将其制作成组件，后用"旋转"工具进行阵列另外的 7 边，完成整个一层挑檐屋面，效果如图 13-54 所示。

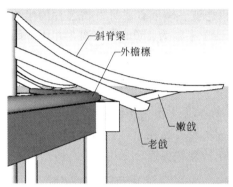

图 13-51

图 13-52

图 13-53

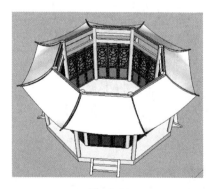

图 13-54

（7）二层楼面及梁柱的制作　在二层楼面处，用直线将二层圈梁围合成面，后用"偏移"工具向内偏移 900mm，如图 13-55 所示。以八边形端点为中心，用"圆"工具画出半径 100mm 的圆，并制作成组件，后拉高 2400mm，并在柱顶制作大梁（300mm×150mm）、穿插枋（200mm×150mm）、抹角梁（200mm×150mm）、童柱（直径 150mm、高 450mm）及圈梁（100mm×100mm），如图 13-56 所示，制作方法与"一层结构梁"相似。

（8）二层隔断制作　二层隔断可以在一层隔断组件的基础上进行，拷贝一个木隔断组件移至二层柱间中线上，炸开后进行比例缩放以适合二层的高度要求，宽度上可以放置两个木

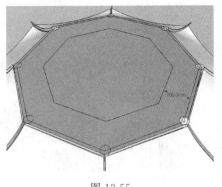

图 13-55

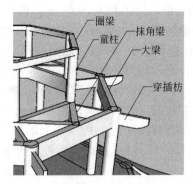

图 13-56

隔断，后将两个木隔断制作成群组，以八边形的中点阵列，围合的效果图如图 13-57 所示。

（9）二层亭顶结构制作　亭顶结构在古建中是较为复杂的构件，在此进行了简化，以混凝土结构的构件为主。在制作时，以穿插枋作为基础面，进行面的拉高、拉宽，形成一个面。并在此面上用"圆""直线"工具作出亭的斜脊梁、老戗、嫩戗、戗脊及雷公柱的半边剖面，如图 13-58 所示。在穿插枋的顶面，用"圆"工具作半径为 150mm 的圆，并用"跟随路径"工具以圆作路径、雷公柱的剖面作面进行放样，得到亭顶的雷公柱。用"推拉"将结构中的空白处推掉，得到亭顶结构，并用"旋转"工具阵列出另外 7 个角的结构。效果图如图 13-59 所示。

（10）二层亭顶屋面制作　二层屋面制作与一层的方法一致，以斜脊梁的下边线为参考，作出两条相交的屋顶弧线，屋檐口的弧线以檐梁的垂直面为参考，作出一条与左右两边弧线相交的檐口线，最后用"等高线生成"工具将三条弧线生成屋顶弧面，如图 13-60 所示。

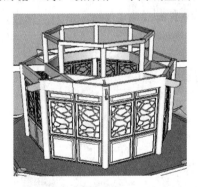

图 13-57

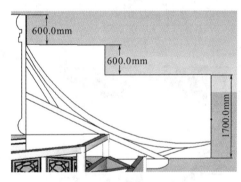

图 13-58

图 13-59

图 13-60

（11）石栏杆的制作　石栏杆的制作方法与木隔断一致，一般以石栏杆的正立面图为准，在 AutoCAD 软件里描图，后导入 Sketch Up 软件里面进行厚度推拉或局部放样；或直接将位图导入 Sketch Up 软件描图后进行推拉或放样。前一种方法较为常用，后一种方法较慢。该模型制作采用第一种方法，AutoCAD 描图后导入 Sketch Up 软件，如图 13-61 所示。根据石栏杆的规格（望柱 150mm×150mm×1360mm，栏板 120mm×1200mm×1020mm）进行拉伸，望柱莲花柱头进行放样，效果图如图 13-62 所示。石栏杆制作后将其制成组件，并安装到亭子一、二层的外廊处，最终效果如图 13-63、图 13-64 所示。

图 13-61

图 13-62

图 13-63

图 13-64

（12）复杂单体建模要点

① "组件"相互之间具有关联性，一个"组件"改变，相关联的"组件"即会发生改变，这一特性在复杂单体建模中应用广泛，如该模型中木隔断、石栏杆、柱子等重复物体可以做成组件，以便修改和备用。

② 如何选择参照面或点，对下一步的建模具有关键作用，如该模型中的挑檐结构制作、八边形的阵列、檐口弧线等，都必须通过参考相关面才能制作出来。

③ 复杂物体的表面可以通过 AutoCAD 软件进行描图，后再导入 Sketch Up 软件进行三维的拉伸加厚。

④ 异面体在参考各个面制作出曲线后，应用"等高线生成"工具制作异面体，如亭子屋顶曲面的制作。

⑤ 各单体模型建好后，将其全部选中存为"群组"以备后用。

13.3 整体环境建模

环境建模与环境设计的过程刚好相反，环境设计是由宏观的总体规划到微观的个体设计，是由大到小的过程，而环境建模则是由小到大、由局部到整体的过程，因此环境建模前的准备工作就是应先有环境设计图纸，至少应该有构思草图。现以如图 13-65 所示的某陵园综合服务区环境设计为实例讲解环境建模的主要步骤。

图 13-65

13.3.1 底图导入

底图可以是用 AutoCAD 软件设计的平面图，将其存为×.dxf 格式后，在 Sketch Up 软件中点击下拉菜单"文件"/"导入"，平面图导入到顶视图中，如图 13-66 所示。

13.3.2 环境处理

（1）基底面的封闭与处理 将导入的平面图炸开（注：导入的平面图自动转为组件），用直线工具沿需要封闭面的一边画线将其生成面，没有封闭的面应先找到开口，用直线工具画线将其封闭后再生成面，如图 13-67 所示。

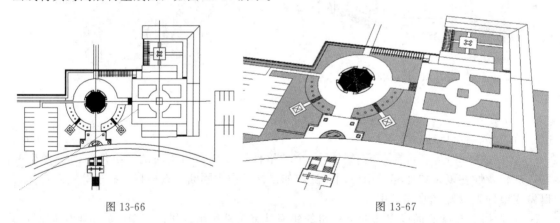

图 13-66   图 13-67

（2）入口景观建模 根据入口平面及设计意图，入口景观以高 1.2m 的序列斜面景墙、花池和入口水池为主，在平面图上将底面进行封闭并生成面，将其拉高得到如图 13-68 所示的模型图。

（3）围墙建模 在前视图中用直线工具画出围墙的剖面，并使其垂直于围墙底平面，如图 13-69 所示，后以围墙底平面的中线为放样路径，围墙剖面为拉伸面进行放样，最后在围墙上画出窗子（1000mm×1500mm），间距 3000mm，效果如图 13-70、图 13-71 所示。

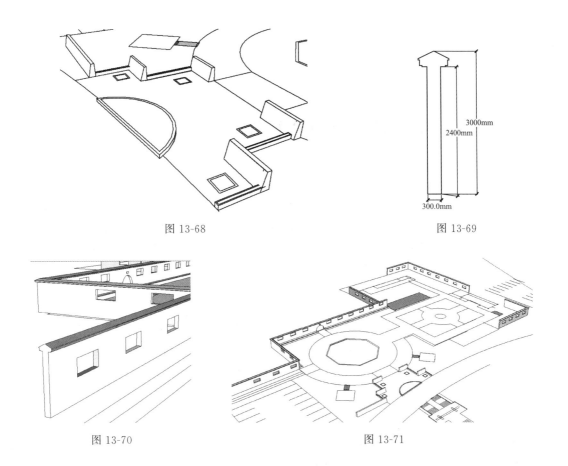

图 13-68   图 13-69

图 13-70   图 13-71

13.3.3 主要建筑导入

　　主要建筑一般较为复杂，所占内存较多，所以在建模中新建一个文件，单独建模可提高绘图速度，建模完后存为组件，几个主要建筑全部建完后再导入环境模型中。该综合服务区的几个主要建筑为前两节所建的亭子、仿古建筑和双层古亭，先将其分别导入环境中，效果图如图 13-72 所示。

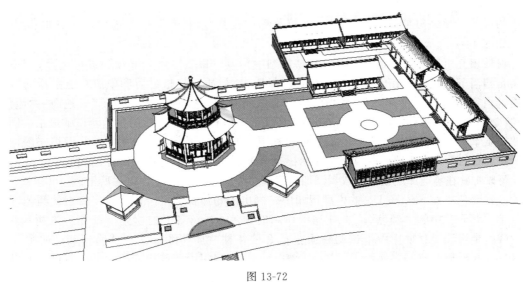

图 13-72

14 Sketch Up 三维环境效果制作

三维模型建完后，下一步的工作就是如何表现空间的效果，即模型的真实感、材质的细腻、光影的逼真、渲染的风格等，这些内容最终决定整个模型的效果。Sketch Up 软件相对于其他专业的三维软件，在表现一般场景时，具有便捷、快速、易操作等优点。

14.1 模型材质

14.1.1 材质的属性

（1）材质属性　Sketch Up 的材质属性包括：名称、颜色、透明度、纹理贴图和尺寸大小等。材质可以应用于边线、表面、文字、剖面、群组和组件。应用材质后，该材质就被添加到材质面板"模型中"列表里，列表中的材质将和模型一起保存在该模型文件中。

（2）默认材质　Sketch Up 创建的几何体一开始被自动赋予默认材质。这种材质在材质面板中显示为"X"形方框。默认材质具有如下属性：

① 正反面　一个表面正反两面默认材质的显示颜色不一样。默认材质的两面性可以容易分清表面的正反朝向。正反两面的颜色可以在"窗口"/"参数设置"中进行设置。

② 替换　群组或组件中的元素上的默认材质有很大灵活性，可以获得赋予组或组件的材质，如复制了多个组件，可以直接给各组件分配不同的颜色（注：不要点击进入组件内部更改），组件不会统一更改。

14.1.2 材质填充

材质浏览器，也叫材质面板，可以在材质库中选择和管理材质，也可以浏览当前模型中使用的材质。激活材质浏览器可以从下拉菜单"工具"/"材质"或点击浮动工具面板 🎨 激活，如图 14-1 所示。

材质填充可以点击"选择"项，在"模型中"或"材质"两个选项中进行选择，"模型中"是指当下模型中正在使用或已使用过的材质；"材质"是指材质库中所有能激活的常用材质，内容如图 14-2 所示，包括"颜色""半透明""地毯与织物""地砖""地面""屋顶""手绘""植被"等各种常用材质。双击材质库文件夹，材质在左上角的预览窗口中显示，同时在"材质库"标签中的材质样本上显示出缩略图，如图 14-1 所示。选中图后，用填充图标点击所要填充的面，材质即可在模型中显示出来，如图 14-3 所示。选择图片的同时，若点击右键，可以将其在当前库中删除，或者添加到"模型中"材质库，如图 14-4 所示。

（1）颜色　在 Sketch Up 的模型视图中，画出的物体都有一个预先设定的默认颜色，也可以用"材质"中的"颜色"，如图 14-5 所示的颜色，进行各面的填充，如图 14-6 所示。

（2）半透明　材质库中半透明物质包括 8 种各种材质与颜色的半透明玻璃，如图 14-7 所示，这些玻璃具有固定属性，无法进行编辑，可直接用于玻璃构成的窗子、屋顶、地面等处，如图 14-8 所示为木隔断窗子的效果。

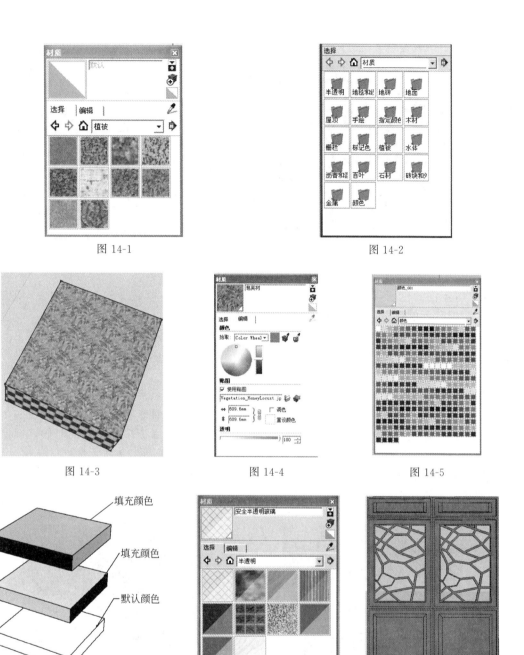

图 14-1　　　　　　　　　　　　　　　　　图 14-2

图 14-3　　　　　　　　　　图 14-4　　　　　　　　　　图 14-5

填充颜色

填充颜色

默认颜色

图 14-6　　　　　　　　　　图 14-7　　　　　　　　　　图 14-8

（3）其他材质　其他材质都是在材质赋予中常见的材质，如"地砖""地面""屋顶"
"木材""水面""植被""石材""金属"等，根据材质需要进行点击后赋予即可。亭子材质
效果如图 14-9 所示。

14.1.3　材质编辑

材质选择并赋予后，其颜色、大小并不一定符合要求，因此必须对材质进行一定的修
改。选中材质后，点击材质面板上的"编辑"选项，出现如图 14-10 所示的面板，其包括
"颜色""贴图""透明"三个选项。

（1）颜色　可以更改材质原来的颜色，通过"拾取"选项，可以在"色彩环""HLS"

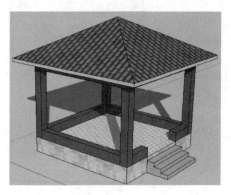

图 14-9

图 14-10

"RGB"等不同的色彩模式上选择颜色，还可通过"撤销色彩更改""在模型中提取材质"或"匹配屏幕上的颜色"选项进行色彩或材质的更改。

（2）贴图　如选中的材质没有贴图，点击"使用贴图"后，软件自动转到"浏览"选择贴图，选中贴图后可以对其尺寸进行更改，更改时长宽比可以进行锁定或解锁，或进行颜色的重新设定。

（3）贴图坐标　在模型上点击贴图，右键弹出快捷菜单，点击"贴图"/"重设坐标"，即可出现贴图坐标，贴图坐标有两种模式：锁定别针和释放别针。锁定别针模式，每一个别针都有一个固定而且特有的功能，当固定或者"固定"一个或者更多的别针的时候，锁定别针模式可以按比例缩放、歪斜、剪切和扭曲贴图，如图 14-11 所示。释放别针模式适合设置和消除照片的扭曲。在释放别针模式下，别针相互之间都不互相限制，这样就可以将指针拖曳到任何位置，以扭曲材质，如图 14-12 所示。

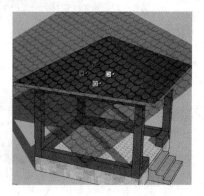

图 14-11

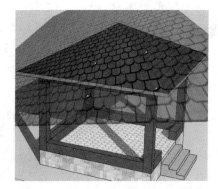

图 14-12

（4）透明　Sketch Up 的材质可以设置从 0 到 100％的透明度，给表面赋予透明材质就可以使之变得透明。透明材质具有特性：在不透明度为 70％以上的表面可以产生投影，70％以下的不产生投影；另外，只有完全不透明的表面才能接受投影，任何材质透明等级的表面都不能接受投影。同时，Sketch Up 的材质通常是赋予表面的一个面（正面或反面），如果一个表面的背面已经赋予了一种非透明的材质，在正面赋予的透明材质就不会影响到背面的材质。同理，如果再给背面赋予另外一种透明材质，也不会影响到正面。因此，分别给正反两个面赋予材质，可以让一个透明表面的两侧分别显示不同的颜色和透明等级。

14.2 渲染和显示设置

Sketch Up 软件在渲染和显示设置方面具有非常灵活、多样的特点，可以将"草图"或"方案"的概念以多种风格充分表现出来。

14.2.1 面渲染风格

（1）标准显示模式　Sketch Up 有多种模型显示模式，分别是线框模式、消隐线模式、着色模式、贴图着色模式、X 光透视模式和单色模式。

① 线框模式　以一系列的线条来显示模型，所有的表面都被隐藏，可以清楚看到内部线的构成，如图 14-13 所示。

② 消隐线模式　以边线和表面的集合来显示模型，但是没有着色和贴图，如图 14-14 所示。这种模式可以打印输出黑白图像，并在图纸上进行手工效果作图，这样可以省略在图纸上手工找透视的时间。如图 14-15、图 14-16 所示。

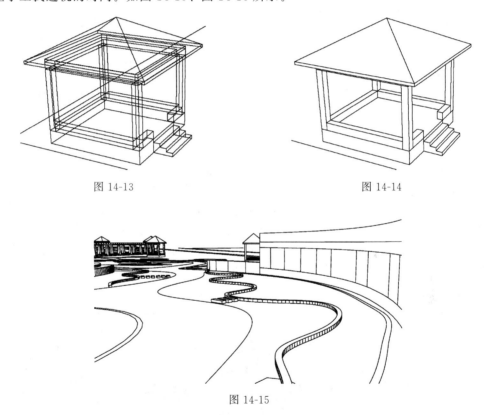

图 14-13　　　　　　　　　　　　　　　　图 14-14

图 14-15

③ 着色模式　模型表面被着色，并反映光源，如果表面没有赋予颜色，将显示默认颜色。

④ 贴图着色模式　在贴图着色模式下，赋予模型的贴图材质将显示出来。因为渲染贴图会减慢显示刷新的速度，在图形较大时，可以经常切换到着色模式下，在进行最后渲染的时候才切换到贴图着色模式，如图 14-17 所示的亭子贴图效果。

⑤ X 光透视模式　X 光透视模式可以和其他显示模式结合使用（线框模式除外），该模式让所有的可见表面变得透明，由此可以轻易看到、选择和捕捉原来被遮挡住的点和边线，但被遮挡住的表面无法选择，如图 14-18 所示。

图 14-16

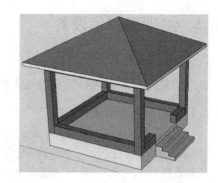

图 14-17

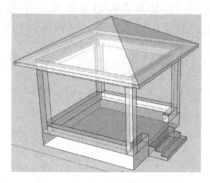

图 14-18

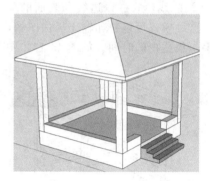

图 14-19

⑥ 单色模式　在单色模式下，模型就像是线和面的集合体，就像消隐线模式，但单色模式提供默认的自然光效果，可以显示受光、背光面，如图 14-19 所示。

（2）表现风格　Sketch Up 在显示上有多种表现风格，点击右边浮动面板的"样式"，出现如图 14-20 所示的风格面板，点击"选择"/"风格"，包括"建筑竞赛优秀风格""手绘边线""直线风格""组合风格""颜色系列""默认样式"等。根据需要点击所需风格，视图中即出现该风格的画面，如点击"手绘边线"，图 14-21 为前文图 13-72 的手绘风格效果。

图 14-20

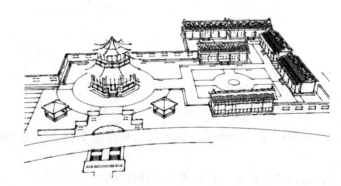

图 14-21

14.2.2　线渲染风格

Sketch Up 的边线渲染增强模式，既可以保留三维数字模型的优势，又可以进行深刻有效的图像表现，还可以展示图纸的独特风格。

（1）线的风格　点击下拉菜单"窗口"/"风格"，出现如图 14-22 所示的面板，选择"编辑"/"边线设置"，勾选"显示边线"，可以设置"轮廓线""深粗线""延长线""端点线""草稿线"等线及其长短。以亭子为例，进行如图 14-22 的设置后，亭子效果如图 14-23 所示。

（2）线的颜色　一般以系统默认颜色（黑色）为准，也可以选择使用"物体颜色"或"轴向颜色"。

图 14-22

14.2.3　柔化边线/平滑表面

Sketch Up 的边线可以进行柔化和平滑，从而使有折面的模型显得圆润光滑。边线柔化以后，在拉伸的侧面上就会自动隐藏。柔化的边线还可以进行平滑，从而使相邻的表面在渲染中能均匀地过渡渐变。如图 14-24 所示，左边为 20 边的多边形柱子，右边为柔滑边线的多边形柱子，看似圆形柱子。

图 14-23

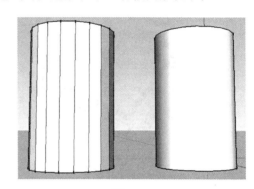

图 14-24

（1）柔化/不柔化边线的方法

① 删除工具　使用删除工具时按住 Ctrl 键，可以柔化边线，而不是将其删除；同时按住 Ctrl 键和 Shift 键，可以取消边线的柔化。

② 关联菜单　在边线上右击鼠标，可以从关联菜单中选择"柔化边线"或"不柔化"。

③ 柔化/平滑控制　先用选择工具选中多条边线，然后在选集上右击鼠标，从关联菜单中选择"柔化/平滑边线"。将运行柔化边线对话框。

④ 属性对话框　在边线上右击鼠标，从关联菜单中选择"属性"，可以在边线的属性对话框中调整柔化和平滑的设置。

（2）弧和圆　弧和圆实体具有特殊性，当用"推/拉"工具对它们进行拉伸时，会自动产生柔化的边线。

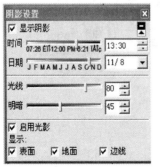

图 14-25

14.2.4　设置投影

Sketch Up 的投影特性可以更准确地把握模型的尺度，用于评估模型的日照情况，实现真实渲染效果。点击右边浮动面板的"阴影"，弹出如图 14-25 所示的"阴影设置"面板，可以设置阴影的"时间""日期""光线"强弱、"阴影"明暗、"启用光影"及显示"地面""表面""边线"等内容。模型的位置可以在下拉菜单"窗口"/"模型信息"/"位置"上进行设置，还可设定"太阳方位"的"正北角度"，这些设置可以将阴影表现得真实可靠。

阴影效果有两个不同的效果：地面阴影和表面阴影，可以根据需要和系统性能单独使用或同时使用。

（1）地面阴影 地面阴影是模型表面在地平面上的投影，投影的颜色和位置由背景色和太阳角度来确定的。虽然渲染速度比表面阴影快，但只在地平面上产生投影。如果只开启地面阴影的话，模型上不会有投影，只在地面上产生投影，看起来不真实，如图14-26所示，只有地面上有阴影，而白塔基座上没有。

（2）表面阴影 表面阴影根据设置的太阳入射角在模型表面上产生投影，看起来也不真实。因此一般情况都是将地面阴影和表面阴影同时打开，如图14-27所示的白塔在基座和地面上都有阴影效果，这样才符合自然规律。

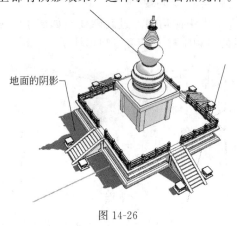

图 14-26

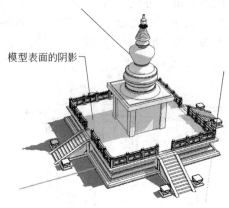

图 14-27

14.2.5 天空与地面效果

Sketch Up的天空和地面效果可以在背景中展示一个模拟大气效果渐变的天空和地面，以及显示出地平线。其设置可以点击右边浮动面板的"样式"/"编辑"/"背景"，如图14-28所示的面板上，可以设置"背景""天空""地面"的颜色，及地面"透明度""显示地面背面"等内容，如图14-29白塔在天空与地面之间的效果。

图 14-28

图 14-29

14.2.6 剖面

剖面不仅可以表达空间关系，直观准确地反映复杂的空间结构，动态展示模型内部空间的相互关系，还可以将不同方向的剖面提取出来作为施工图使用。点击下拉菜单"工具"/

"剖切面"或点击⊕，可以在视图中剖切面。

（1）剖切面　这是一个有方向的矩形实体，用于在 Sketch Up 的绘图窗口中表现特定的剖面，可用于控制剖面的选集、位置、定位、方向和剖面切片的颜色，剖切面可以被放置在特定的图层中，可以移动、旋转、隐藏、复制、阵列等。

（2）剖切效果　剖切面的剖切效果，如图 14-30 所示。剖切并非删除或改变几何体，只是在视图中使几何体的一部分不显示出来而已，编辑几何体也不会受剖切面的影响。

（3）剖面切片　剖切面与几何体相交而创建的边线就是剖面切片。在剖切面上点击右键出现快捷菜单"从切口创建群组"，可以将切片制作成一个永久的几何体群组，也可以导出为二维的剖面图，如图 14-31 所示。

图 14-30

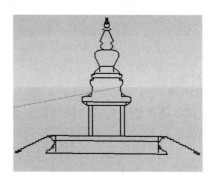

图 14-31

14.3　相机设置与场景创建

在设计过程中，经常需要观看各个角度的效果，如建筑之间的关系、庭院与主体建筑、大门入口效果等，因此必须在同一地点变化不同的角度查看效果，即进行相机设置，若要将该视角保留下来，就必须要进行场景创建。

14.3.1　相机设置

从下拉菜单"相机"/"相机位置"或点击浮动面板 ⊗，并在数值控制框中输入视点高度，放置相机位置即可在视图中显示相机视图。

相机位置工具有两种不同的使用方法。如果只需要大致的人眼视角的视图，用鼠标单击的方法就可以了，如果要比较精确地放置照相机，可以用鼠标点击并拖曳的方法。

（1）鼠标单击　鼠标单击使用的是当前的视点方向，仅仅是把照相机放置在点取的位置上，并设置照相机高度为通常的视点高度，如果在平面上放置照相机，默认的视点方向向上，一般情况下的正北方向。如图 14-32 所示，设置相机位置为入口，视点高度为 3000mm。

图 14-32

（2）点击并拖曳　先点击确定照相机（人眼）所在的位置，然后拖动光标到所要观察的点，再松开鼠标即可，这一方法可以很准确地定位照相机的位置和视线。如图 14-33 所示，从主亭右边看服务区建筑的效果。

图 14-33

14.3.2　场景创建

场景创建可以将调整好的各种属性以页面的形式保存下来。页面可以在一个文件中保存多个视图，通过绘图窗口上方的页面标签可以快速切换视图显示，也可以使用页面标签来预设建筑模型的一些透视角度视图，不同的日照时间，不同的渲染显示模式，不同的图层可视设置等。

点击右边浮动面板的"场景"，弹出"场景管理"命令面板，如图 14-34 所示。在面板上可以进行"增加""减少""更新""向前/后移动"等操作，可以给页面起"名称"、进行"表述"，属性包括："相机位置""隐藏物体""可见层""激活剖切面""风格和雾""阴影设置""轴位置"等。进行相关操作后，可以点击"添加"，增加一个或多个页面，如图 14-35 所示，白塔的各个视角、状态可以保存在不同的页面。页面可以进行动画播放，点击下拉菜单"视图"/"动画"/"播放"，一个页面接一个页面地播放，还可以在"演示设置"中设置"场景转换"的时间及"场景暂停"的时间。

图 14-34

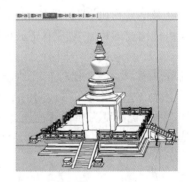

图 14-35

14.4　图库的使用

在 Sketch Up 中，图库由组件组成，组件是将一个或多个几何体的集合定义为一个单位，使之可以像一个物体那样进行操作。实际上，组件就相当于一个 Sketch Up 文件，可以放置或插入到其他的 Sketch Up 文件中去。组件可以是独立的物体，如家具（桌子和椅子）等，也可以是关联物体（如门窗）。组件的尺寸和范围不是预先设定好的，也没有限制。组件可以是简单的一条线，也可以是整个模型，以及其他的各种类型。

（1）组件的功能　除了包括组件的材质、组织、区分、选集等特点外，组件还提供以下功能：

① 关联行为　如果编辑一组关联组件中的一个，其他所有的关联组件也会同步更新。

② 组件库　Sketch Up 附带一系列预设组件库，也可以创建自己的组件库，并和他人分享。

③ 文件链接　组件只存在于创建它们的文件中（内部组件），或者可以将组件导出用到别的 SKP 文件中。

④ 组件替换　可以用别的 SKP 文档的组件来替换当前文档的组件，这样可以进行不同细节等级的建模和渲染。

⑤ 特殊的对齐行为　组件可以对齐到不同的表面上，组件还可以有自己内部的绘图坐标轴。

（2）组件浏览器　组件浏览器可以用来插入预设的组件。它提供了 Sketch Up 组件库的目录列表或打开其他组件库。点击右边浮动面板的"组件"，弹出"组件"面板，可以选择软件自己所带的组件，也可打开自己收集的组件，如图 14-36 所示。

（3）导入　点击下拉菜单"文件"/"导入"，打开文件对话框，选中 SKP 文件，文件直接插入当前视图中。或直接从资源管理器中将 SKP 文件拖放到绘图窗口中，点击鼠标，把它拖到任何打开的 Sketch Up 窗口，松开鼠标，把这个文件作为一个组件放置。组件插入后，可以对组件进行比例缩放、炸开、镜像、内部编辑、赋予材质、隐藏等相关操作。图 14-37 为插入组件后工厂大门的效果示意图。

图 14-36

图 14-37

15 Sketch Up 文件交换与输出设置

15.1 导入与导出

作为方案推敲工具，Sketch Up 支持方案设计的全过程，从粗略抽象的概念到精确的图纸、文档等。因此，Sketch Up 支持与常用软件之间文件的导入和导出功能。

15.1.1 CAD/3D 模型格式

（1）DWG/DXF 导入　使用下拉菜单"导入"/"AutoCAD 文件"，开启打开文件对话框，选择要导入的文件。根据导入文件的属性，需要制定一个导入的单位，或者让 Sketch Up 对导入的实体进行处理。点击"选项"按钮进行设置，"确定"以后，开始导入文件。大的文件可能需要几分钟的时间，因为 Sketch Up 的几何体与大部分 CAD 软件中的几何体有很大的区别，转换需要大量的运算。导入完成后，Sketch Up 会显示一个导入实体的报告。

支持 CAD 的实体包括：线、圆弧、圆、多义线、面、有厚度的实体、三维面、嵌套的图块和 CAD 图层。

目前，Sketch Up 还不支持 AutoCAD 实心体、区域、样条曲线、锥形宽度的多义线、XREFS、填充图案、尺寸标注、文字和 ADT/ARX 物体，这些在导入时将被忽略。如果想导入未被支持的实体，可以在 CAD 中先将其炸开。有些物体还需要炸开多次才能在导出时转换为 Sketch Up 几何体。在导入之前，最好先整理 CAD 文件，不需要的内容可以删除，尽量使导入的文件简化，以提高系统性能。

（2）3D DWG/DXF 导出　Sketch Up 能导出 3D 几何体为 AutoCAD 的格式为 DWG 或 DXF 文件。点击下拉菜单"导出"/"模型"，选择文件格式及"选项"，Sketch Up 可以导出面、线（线框）、辅助线、几何体、文字、尺寸等内容，所有 Sketch Up 的表面都将导出为三角形的多义网格面。

（3）3DS 导出　3DS 格式最早是基于 DOS 的 3D Studio 建模和渲染动画程序的文件格式，3DS 格式支持 Sketch Up 输出材质贴图、照相机，比 CAD 格式更能完美地转换 Sketch Up 模型。

点击下拉菜单"导出"/"模型"，选择 3DS 文件格式，并可对"选项"内容：几何体、材质、相机、比例进行设置。

15.1.2 2D 静态图像

（1）图像导入　Sketch Up 支持 JPEG、PNG、TGA、BMP、TIF 等格式的图像导入到模型中。图像是一个贴有图像的矩形表面，可以移动、旋转和缩放，也可以进行纵向和横向拉伸，但不能是非矩形形状。点击下拉菜单"文件"/"导入"，或直接从资源管理器中将图像拖放到 Sketch Up 绘图窗中。默认情况下，图像保持原始文件的高宽比，可以在插入图像时按住 Shift 键来改变高宽比，也可以使用缩放工具来改变模型中图像的高宽比。

（2）图像导出　　Sketch Up 可以将视图导出为二维光栅图像，格式包括 JPG、BMP、TGA、TIF、PNG、Epix 等，先在绘图窗口中设置好需要导出的模型视图，点击下拉菜单"文件"/"导出"/"2D 图像"，开启标准保存文件对话框，在"文件类型"下拉列表中选择适当的格式保存前设置，也可以点击"选项"按钮进入"导出选项"对话框，设置图像大小（视图尺寸或自定义像素大小）、图片质量（抗锯齿）等。

（3）剖面导出　　Sketch Up 能以 DWG/DXF 格式来将剖面切片保存为二维矢量图。点击下拉菜单"文件"/"导出"/"二维剖切"，开启标准"保存文件"对话框，在导出类型下拉列表中选择适当的格式保存当前设置。也可以点击"选项"按钮进入剖面导出选项对话框，可以设置"真实剖面（正投影）""画面投影（剖透视）""制图比例与尺寸""AutoCAD版本""剖切线"等内容。

（4）2D 矢量图导出　　Sketch Up 可以将模型导出为多种格式的二维矢量图，包括 DWG、DXF、EPS、PDF 等。二维矢量图输出比光栅图像输出的优势在于，输出的图像可以方便地在任何 CAD 软件或矢量处理软件中导入和编辑。在绘图窗口中调整视图到需要导出的状态，点击下拉菜单"文件"/"导出"，进入标准保存文件对话框，在导出类型中选择相应的格式进行保存，或点击"选项"按钮可以进行设置，可以调整"图形大小""轮廓线""剖切线""延长线"等内容，确定后 Sketch Up 会把当前视图导出，并忽略贴图、阴影等不支持的特性。

15.1.3　动画

动画在表现三维信息方面具有很大的优势，比如日照光影研究的移动动画、建筑空间的漫游动画等，可以显示相对真实的场景和大量的细节，因此，将二维、三维、动画等技术手段综合起来表现设计方案，效果将更加理想。

Sketch Up 可以将创建的场景以幻灯演示动画的形式导出为数码视频文件。幻灯演示动画具有如下优点：

① 可以生成复杂的大型模型的平滑动画。

② 视频文件的播放不需要 3D 硬件加速。

③ 不需要 3D 模型就可以提供动画演示。

④ 可以使用视频编辑软件实现更丰富的表达效果。

⑤ 可以刻录视频光盘，在普通的播放机上放映。

（1）动画导出基础　　创建视频动画的过程比较复杂，包括了海量的数据，渲染时间很长，需要掌握复杂的压缩设置和编码器的知识，因此预先了解动画的知识点具有一定的必要性。

① 数码视频　　数码视频本质上是一系列的静态图片的快速连续播放，当播放频率达到每秒数张图片时，在大脑印象中会将图片重叠在一起，看起来就产生了动画。这个过程的平衡点是时间，在 Sketch Up 中进行幻灯展示时，每秒显示的帧数取决于计算机的即时运算能力，帧数越多越平滑，但电脑速度越慢。

② 视频文件的大小　　视频文件的数据量十倍甚至百倍于其他类型的计算机文件，其大小主要有视频尺寸和视频带宽决定。视频尺寸是静态图像的像素大小，如 640×480 像素，要观看视频文件，相当于在一秒内要观看多幅静态图像，计算机需要储存和处理更多的数据。带宽是在数字传输方面衡量传输数据的能力，用它来表示单位时间内（一般以"秒"为单位）传输数据容量的大小，表示吞吐数据的能力，一般也将"带宽"称为"数据传输率"。较大的视频文件在播放时会断断续续和跳帧，就是因为系统无法跟上数据传输的需要。

③ 处理视频数据　涉及帧画面尺寸、帧率、压缩等内容。帧画面尺寸，是视频的像素尺寸大小，直接影响文件的大小，一般方案观看时可用 320×240 像素，最终动画渲染输出可用 640×480 像素。帧率，就是指定每秒产生的帧画面数，帧率和渲染时间以及视频文件大小成正比，一般 8～10 之间的设置是画面连续的最低要求，12～15 之间的设置既可以控制文件的大小也可以保证流畅播放，24～30 之间的设置可以流畅播放了。压缩，导出二维图像为 JPEG 文件时，计算机会使用数据压缩技术来处理冗余的信息，这样可以节省磁盘空间。

④ 视频编辑　可以通过第三方的视频编辑软件（如 Adobe Premiere、Media Studio Pro、Video studio 等）来处理导出的动画，可以合并动画、添加转场特效、音乐、音效、语音和标题等，形成一个完整的视频动画。

（2）动画导出选项　动画导出选项可以调整导出动画的属性。动画输出至少应有 2 幅以上的场景，设置好场景后，点击下拉菜单"文件"/"导出"/"动画"，开启标准保存文件对话框，选择文件类型为 AVI 文件，按当前设置保存，也可以点击"选项"按钮进入"导出选项"对话框进行设置，内容包括：

① 宽度/高度　控制每帧画面的尺寸，以像素为单位。一般设置为 320×240，640×480 是"全屏幕"的帧画面尺寸。

② 锁定高宽比　锁定每一帧动画图像的高宽比。4：3 的比例是电视、大多数计算机屏幕，16：9 的比例是宽银幕显示标准，包括数字电视、等离子电视等。

③ 帧率　指定每秒产生的帧画面数。分 8～10（最低要求）、12～15（中）、24～30（高）三个档次，如电影是 24fps。

④ 循环至开始页面　可以用于创建无限循环的动画。

⑤ 平滑（抗锯齿）　开启后，Sketch Up 会对导出图像做平滑处理。需要更多的导出时间，但可以减少图像中的线条锯齿。

⑥ 编码器　指定编码器或压缩插件，也可以调整动画质量设置。

⑦ 导出完成后播放　创建好视频文件，马上用默认的播放机来播放该文件。

⑧ 始终提示动画导出选项　在创建视频文件之前总是先显示这个选项对话框。

15.2　打印

Sketch Up 允许使用任何与系统兼容的打印设备来打印有比例的图纸。可以按比例打印，也可以进行拼合打印，将一幅图打印在多张纸上。设置好场景视图后，点击下拉菜单"文件"/"打印"，激活"打印"面板进行设置，内容包括：

① 打印机　指定打印设备，并进行打印机设置。

② 选择打印范围　"当前视图"是只打印当前激活的页面视图，也可以指定打印的页面范围。

③ 份数　可以同时打印多份图纸。

④ 打印尺寸　调整打印的图纸尺寸和输出比例。适合页面，将当前视图打印时充满一张图纸。模型范围，取消模型外侧的空白区域，打印整个模型。

⑤ 指定打印范围　打印全部或指定页数。

⑥ 打印品质　包括草图、标准、高清晰、超高清晰和大幅面打印。

⑦ 只有二维剖面　当视图中有一个激活的剖面时，该选项可以只打印出剖面切片。

⑧ 使用高精度 HLR　以矢量信息来把图纸传送到打印机里。传送的数据量会小得多，但不能打印贴图、透明效果或者阴影，图纸精度也会受影响。

第三篇 Photoshop 软件与效果图制作

16 Photoshop 软件基本概念与操作

16.1 Photoshop 软件简介

Photoshop 是 Adobe 公司旗下最为有名的图像处理软件之一，Photoshop 自推出之后，就在图像处理和电脑绘图领域内占据了重要地位。从低版本的 Photoshop 升级到如今的 Photoshop CC2019，版本已经数次更新换代，其功能不断增强与完善，深受广大设计人员的喜爱。

Photoshop 除具有一般的图像、图形、文字、视频等处理功能外，在园林、城市规划、建筑、室内等专业的后期效果处理中，其强大的素材处理、色彩调整、滤镜等功能在效果图制作中也具有不可替代的作用。

16.2 Photoshop CC2019 的操作界面

Photoshop CC2019 的窗口如图 16-1 所示，由标题栏、菜单栏、选项栏、工具箱、选项

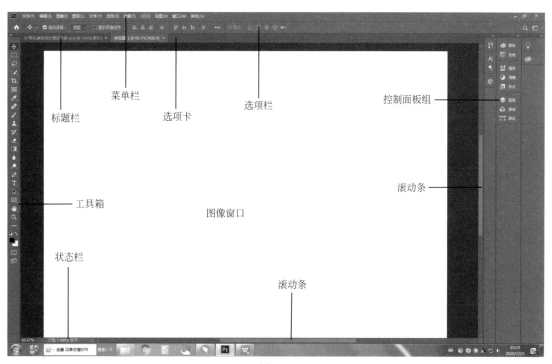

图 16-1

卡、图像窗口、控制面板组、状态栏等组成。

（1）标题栏 显示当前应用程序名称。当图像窗口最大化显示时，则会显示图像文件名、颜色模式和显示比例的信息。标题栏右侧为最小化 ─ 、最大化 ⊡ 和关闭 × 按钮，分别用于缩小、放大和关闭应用程序。

（2）菜单栏 软件有 10 个下拉菜单，每个菜单都带有一组命令，用于执行 Photoshop 软件的相关操作。

（3）选项栏 设置工具箱中各个工具的参数。选项栏具有可变性，在工具箱中选择工具后，工具栏中的选项将发生变化，不同的工具其参数选项不同。

（4）工具箱 包含各种常用工具，用于绘图和执行相关的图像操作。

（5）图像窗口 图像显示的区域，用于编辑和修改图像。

（6）控制面板 窗口右侧为控制面板组，用于配合图像编辑和该软件的功能设置，不用时也可将其关闭。

（7）状态栏 窗口底部的横条称为状态栏，它提供一些当前操作的信息。

（8）选项卡 打开多个图像时，只在窗口中显示一个图像，其他的则最小化到选项卡中。

16.3　Photoshop CS4 的工具和选项栏

Photoshop CS4 的工具箱面板包括了七十余种常用工具，运用工具箱面板中的工具可以创建选区、绘图、取样、编辑、移动、注释和查看图像等。还可以在工具箱内更改前景色和背景色。要选择使用这些工具，只要单击工具图标或者按下工具组合键即可。例如要选择套索工具，单击此工具图标或输入 L 键即可。

若想知道工具的名称和组合键，可将鼠标指针移到图标上稍等片刻，即可显示关于该工具的名称及组合键提示。工具箱中没有显示出全部工具，有些工具被隐藏起来，有些工具图标右下角有一个小三角的符号，这表明在该工具中还有与之相关的工具。要使用这些工具，将鼠标指针移至含有多个工具图标上，右击打开此菜单，用鼠标指针选择即可；或者用鼠标左击后按住不放，即可打开的隐藏工具菜单；如果按下 Alt 键，多次单击图标可在多个工具之间切换。

拖动工具箱顶端的灰条可以移动工具箱。点击工具箱右上角的 ▶▶ 图标可以使工具在单列排列和双列排列之间切换。选择不同的工具，在图像窗口中将显示不同形状的鼠标指针，其形状与工具图标一样。

16.4　图形图像的基本概念

计算机中的图像一般可分为位图图像和矢量图像两种。

（1）位图图像 位图图像（在技术上称作栅格图像）使用图片元素的矩形网格（像素）表现图像。每个像素都分配有特定的位置和颜色值。在处理位图图像时，编辑的是像素，而不是对象或形状。通俗地说，位图就是像素点以位置记忆存储的图像，每单位面积上的像素点越多，其分辨率越高，可放大的倍数越高，但无限放大图像最终都会呈现出模糊的图像，因此，位图需要一个相对高的分辨率，但分辨率越高图像越大，需要占用大量存储空间，电脑运行速度下降，如何设置合适的分辨率对于保证画图效果、提高绘图速度具有重要的作用。

（2）矢量图像　矢量图像由矢量的数学对象定义的直线和曲线构成的。矢量根据图像的几何特征对图像进行描述，如在 AutoCAD 软件中用两个点的坐标来表示一条线，任意移动、修改、放大矢量图形，不会丢失细节或影响清晰度。因此，矢量图形与分辨率无关，这意味着它们可以按最高分辨率显示到输出设备上。

在常用软件中，Photoshop 软件处理的主要是位图图像，可以包含一定的矢量数据；AutoCAD 软件绘制的是矢量图像，位图图像只是附着到文件中；Sketch Up 软件中的几何体是矢量图形，而定义材质时大量使用位图图像，渲染结果也输出为位图图像。

16.5　颜色通道和位深度

（1）颜色通道　每个 Photoshop 图像都有一个或多个通道，每个通道都存储了图像色素的信息。图像中的默认颜色通道数取决于图像的颜色模式。如一个 CMYK 图像至少有四个通道，分别存储青色、洋红、黄色和黑色信息。可将通道看成类似于印刷过程中的印版，即一个印版对应一个颜色通道。除默认颜色通道外也可以将 Alpha 通道的额外通道添加到图像中，以便将选区作为蒙版存储和编辑，并且可以添加专色通道为印刷添加专色印版。一个图像最多可有 56 个通道。默认情况下，位图、灰度、双色调和索引颜色图像只有一个通道；RGB 和 Lab 图像有三个通道，而 CMYK 图像有四个通道。除位图模式图像之外，可以在所有其他类型的图像中添加通道。一般情况 Photoshop 中主要应用 RGB 颜色通道的图像。

（2）位深度　位深度，用于指定图像中每个像素可以使用的颜色信息数量。每个像素使用的信息位数越多，可用的颜色就越多，颜色表现就越逼真。例如，位深度为 1 的像素有两个可能的值：黑色和白色，而位深度为 8 的像素有 2^8（256）个可能的值。

RGB 图像由三个颜色通道组成。8 位/通道的 RGB 图像中的每个通道有 256 个可能的值，这意味着该图像有 1600 万个以上可能的颜色值。有时将带有 8 位/通道（bpc）的 RGB 图像称作 24 位图像（8 位×3 通道＝24 位数据/像素）。一般情况下 Photoshop 处理的主要是 8 位/通道的图像。

除了 8 位/通道的图像之外，Photoshop 还可以处理包含 16 位/通道或 32 位/通道的图像。包含 32 位/通道的图像也称作高动态范围（HDR）图像。

17 Photoshop 常用工具

启动 Photoshop 时，工具面板将显示在屏幕左侧，这些工具主要包括选择工具、裁剪工具、切片工具、修饰工具、测量工具、绘画工具、绘图工具、文字工具、导航与 3D 工具等。

17.1 选择工具

17.1.1 移动工具

（1）功能　主要用于选择并移动图层、选区、参考线，查找图层、图组等功能，如图 17-1 所示为"移动工具"选项栏。

图 17-1

（2）激活　在工具箱中选择 ⊕ 或在英文状态下输入快捷键"V"，移动鼠标指针至图像窗口中即可激活。

（3）操作技巧

① 在自动选择栏中，可以设定图层组、图层 2 种不同的选取方式。组，选中该复选框后，在图像窗口中单击所需图像，可选择图像所在图层或图层组。图层，选中该复选框后，在图像窗口中单击所需图像，可选择图像所在图层。在图像窗口中按住 Alt 键并拖动鼠标左键，可复制多个图层。

② 显示变换控件　用于所选对象周围显示变换框，对对象进行各方向的调整。

③ "对齐"按钮组　用于设置图层与选区或图层与图层之间的对齐方式，选中两个以上图层即可激活该按钮组，进行对齐的相关操作。

④ "分布"按钮组　用于设置图层的对齐方式，选中 3 个以上图层可以激活该按钮组，进行对齐的相关操作。

17.1.2 选框工具组

选框工具是所有操作的基础，在 Photoshop 中，图像修饰或编辑操作一般都从选框工具开始，该工具组可以选择 4 种形状：矩形 ▢、椭圆 ◯、单行 ▭ 和单列 ▯。选择任一工具都可激活如图 17-2 所示为"椭圆选框工具"选项栏，默认情况下使用的选框工具是"矩形选

图 17-2

框工具"。

（1）功能　选择"选择框"范围内的物体，选择后可以进行拷贝、剪切、移动等操作。

（2）激活　从工具箱中选择 ▣ 或在英文状态下输入"M"键切换，移动鼠标指针至图像窗口中选择物体即可。如要取消选择，可以单击"框"以外部分或单击鼠标右键执行"取消选择"命令，也可以使用"Ctrl＋D"组合键。

（3）工具选项

① 选区组合　有 4 种方式。"新选区"，即每次选择框都重新生成；"添加到选区"为选区相加（并集），与按下 Shift 键增加选区一致；"从选区中减去"为选区相减（减集），与按下 Alt 键减除选区一致；"与选区交叉"为选区交集，共同部分留下来。

② 羽化　可以使填充或删除的图像边沿羽状过渡。点击下拉菜单"选择"/"修改"/"羽化"，或在选区内点击右键，快捷菜单内选"羽化"，在"羽化半径"文本框中设定羽化值（范围 0.2～2.25 像素），单击"确定"按钮即可完成。

③ 消除锯齿　选取"椭圆选择框"时，可选中"消除锯齿"，这时进行填充或删除选取范围中的图像，都不会出现锯齿，从而使边缘较为平滑。

④ 样式　在选项栏中，还可以设定 3 种不同的选取方式。"正常"，可以自由地通过鼠标拖动选择选区。"固定长宽比"，根据输入的长宽比例选择选区。"固定大小"，选取范围的尺寸由"宽度"和"高度"文本框中输入的数值决定。

（4）操作技巧　按下 Alt＋Shift 键进行拖动，则选择框是一个以起点为中心的正方形或圆形。

17.1.3　套索工具组

套索工具组是一种常用的范围选取工具，但与选框工具不同的是，它可以灵活地对图像进行选取，特别在"抠图"操作中显得尤为重要。它包含了三种类型的套索工具：套索工具 ♀、多边形套索工具 ♀ 和磁性套索工具 ♀。

（1）套索工具　可以选取不规则形状的曲线区域。在工具箱中选中套索工具，当鼠标指针回到选取的起点位置时释放鼠标键，可选择一个不规则的选取范围，并自动封闭选取区域。

（2）多边形套索工具　操作以鼠标单击的各点直线连接而成的选择区域。主要用于选择有直线构成的图像和棱角分明的图像。多边形套索工具比套索工具更加方便，适合进行精确选择操作。选择过程中按 Delete 键可以逐个点返回，直至初始状态，也可以按 Esc 键全部取消。

（3）磁性套索工具　该工具可以像磁石一样沿着颜色差异明显的边界线选择区域。利用磁性套索工具可以自动查找颜色边界，对于颜色区分不明显或者曲线变化大的部分可以创建节点，使节点之间的虚线相连后形成的形状尽可能与所选的图像部分一致。

磁性套索工具选取既快速又准确，选取时根据选取边缘在指定宽度内的不同像素值的反差来确定的。选取时可在工具选项栏中设置相关参数，如图 17-3 所示为"磁性套索工具"选项栏。

图 17-3

（4）选择工具选项

① 选区组合、羽化、消除锯齿等三项功能与选框工具的一样。

② 宽度　磁性套索工具在选取时指定检测的边缘宽度，其值在 1～256 像素之间。值越小，检测越准确。

③ 对比度　用于设定选取时的边缘反差（取值范围 1％～100％）。值越大反差越大，选取的范围越精确。

④ 频率　用于设置选取时定点数。在选取路径中产生了很多节点，这些节点起到了定位选择的作用。如果在选取时单击一下也可产生一个节点，以便指定当前选定选择的位置。在"频率"文本框中输入数值（取值范围 0～100）即可设定。值越高，其产生的节点越多。在选取时，按一下 Delete 键可以删除一个节点。

17.1.4　快速选择和魔棒工具组

该工具组中包含 2 种工具：快速选择工具 和魔棒工具 。

（1）快速选择工具　可以使用可调整的圆形画笔笔尖快速"绘制"选区。选项栏有新、加、减三种模式可选，调整画笔形状、大小，对所有图层取样及自动增强等内容。

（2）魔棒工具　可以选择着色相近的区域。使用魔棒选取时，通过选项栏设定颜色值的近似范围，即"容差"，数值范围为 0～255，其数值越小越精确，选择区域越小。

17.1.5　裁切和切片工具组

在 Photoshop 中，裁切和切片工具组包括裁切工具 、切片工具 和切片选择工具 。

（1）裁切工具　改变照片的构图或只需要照片的一部分时，可以利用裁切工具裁剪图像。使用裁切工具不但可以自由地控制裁切的大小和位置，还可以在裁切的同时对图像进行旋转、变形，以及改变图像分辨率等操作。

（2）切片工具　对图像进行分割，主要用于网页制作。

（3）切片选取工具　选择切好的切片，并且可以修改切片的大小。

（4）激活　裁切工具从工具箱中选择 或在英文状态下输入"C"键切换。切片工具组从工具箱中选择切片工具 （默认），切片选择工具 单击下拉列表框的下三角按钮选择即可或在英文状态下按"K"键切换。激活后出现图 17-4 的选项栏，裁切后出现图 17-5 所示的选项栏。

图 17-4

图 17-5

（5）裁切工具选项

① 裁切大小　可以通过选项栏左侧预设按钮 来选取或预设裁切大小，或设定其宽、高及分辨率进行裁切，也可随意裁切大小。

② 前面的图像　单击此按钮，可以显示当前图像的实际高度、宽度及分辨率。

③ 清除　单击此按钮可清除文本框中设置的数值。

④ 裁切区域　此选项只对普通图层的图像有用，而对背景图层无效。在此选项组中选择一个裁切方式，若选中"删除"按钮，则删除裁切范围之外的图像。这样，移动图层中的

图像后，会发现裁切范围之外的区域要变为透明；若选中"隐藏"按钮，则隐藏被裁切范围之外的图像，此时移动图层中的图像后，仍可以看到裁剪范围之外的图像内容。

⑤ 屏蔽　可以激活右侧的"颜色"和"不透明度"选项，从而在"颜色"框中设置被裁切范围的颜色，在"不透明度"下拉列表框中设置不透明度，以便更好地区分被裁切的范围与裁切范围。有利于事先查看裁切后的效果。

⑥ 透视　可以对裁切范围进行任意的透视变形和扭曲操作。

（6）操作技巧　选取范围时如果随时按下 Shift 键拖动，可选取正方形的裁切范围，若按下 Alt 键拖动，则可选取以开始点为中心点的正方形裁切范围。若按下 Shift＋Alt 键拖动已选定裁切范围的控制点，则以原中心为开始点，高与宽等比例的缩放。

17.2　修饰工具

17.2.1　橡皮擦工具组

橡皮擦工具组包含橡皮擦 ![]、背景橡皮擦 ![]、魔术橡皮擦 ![] 3 个工具。

（1）橡皮擦　删除不需要的图像或颜色，并在擦除的位置上填入背景色，如果擦除内容是普通的图像图层，擦除后会变为透明。选项栏如图 17-6 所示。可以设置画笔的模式（画笔、铅笔、块）、不透明度、流量及勾选"抹到历史记录"等内容。

图 17-6

（2）背景橡皮擦　擦除颜色后不会填上背景色，而是将擦除的内容变为透明。点击后选项栏如图 17-7 所示。可以设置画笔、取样、限制、容差和保护前景色等内容。

图 17-7

（3）魔术橡皮擦　可以擦除一定容差度内的相邻颜色，擦除颜色后变成一透明图层。所以说，魔术橡皮擦工具的作用就相当于魔棒工具再加上背景橡皮擦的功能。选项栏如图 17-8 所示，可以设置容差、勾选消除锯齿、勾选"对所有图层"及不透明度。

图 17-8

（4）橡皮擦工具选项

① 画笔　不论是"画笔"还是"铅笔"，都可以设置其笔触形状、直径、硬度等内容，当选择"块"的擦除方式时，只有一个选项可以设置，即"抹到历史记录"复选框。

② 不透明度　数值为 1%～100%，数值越大越不透明。

③ 流量　数值为 1%～100%，数值越大流量越大。

④ 限制　在此下拉列表中可以选择橡皮擦的模式。选择"不连续"选项，将擦除图中任一位置的颜色；选择"连续"选项，将擦除取样点及与取样点相接的或临近的颜色；选择"查找边缘"选项，将擦除取样点和与取样点相接的颜色，但能较好地保留擦除位置颜色反差较大的边缘轮廓。

⑤ 保护前景色　选中此复选框可以防止擦除与当前工具箱中前景色相匹配的颜色。也

就是说，如果图像中的颜色与工具箱中的前景色相同，那么擦除时这种颜色将受保护，不会被擦除。

⑥ 取样　用于选择清除颜色的方式。选择"连续"选项，表示随着鼠标的拖移，会在图像中连续地进行颜色取样，并根据取样进行擦除。所以，该选项可用来擦除临近区域中的不同颜色；选择"一次"选项，则只擦除第一次单击所取样的颜色；选择"背景色板"选项，则只擦除包含背景颜色的区域。

17.2.2　仿制图章工具组

图章工具组分为两类：仿制图章 ![icon]和图案图章 ![icon]。

（1）仿制图章工具　用于选择一定对象的位置后，以该位置为基准复制图像或擦除图像。主要用于复原现有不完全的图像，或者通过复制现有图像完成新图像。选择仿制图章工具，然后按住 Alt 键在图像中单击定点取样，释放 Alt 键后取样处出现"＋"，点击左键并移动时，"＋"所在的图案将复制到移动的图标处。该工具可以修复图像中的缺陷。

（2）图案图章工具　在使用前，必须先定义一个图案，然后才能使用图案图章工具在图像窗口中拖动复制出图案来。矩形框选择预定义的图案，点击下拉菜单"编辑"/"定义图案"，起名后完成图案定义。使用图案图章工具时应先在选项栏中选择定义的图案，然后拖动图章工具可以看到图案。

17.2.3　减淡工具组

（1）功能　减淡工具组包括减淡工具 ![icon]、加深工具 ![icon]和海绵工具 ![icon]，减淡工具和加深工具是色调工具，使用它们可以改变图像特定区域的曝光度，使图像变暗或变亮。使用海绵工具能够非常准确地增加或减少图像区域的色彩饱和度。在灰度模式图片中，海绵工具通过将灰阶远离或靠近中间灰色来增加或降低对比度。

（2）激活　减淡工具（默认）从工具箱中选择 ![icon]或在英文状态下输入"O"键切换。加深工具和海绵工具单击下拉列表框的下三角按钮选择即可，然后移动鼠标指针至图像窗口中即可。

（3）工具选项

① 加深工具、减淡工具的选项栏　输入快捷键"O"后，选项工具栏如图 17-9 所示，可设置画笔、范围、曝光度和保护色调。画笔，可改变画笔的直径、硬度和形状。范围，包括阴影、中间调和高光。阴影，只更改图像暗色部分。中间调，只更改中间灰色调区域的像素。高光，只更改图像亮部区域的像素。曝光度，曝光度越大，加深和减淡的效果越明显。

图 17-9

② 海绵工具的选项栏　激活海绵工具后，选项栏如图 17-10 所示，可以设置画笔、模式、流量和勾选自然饱和度。画笔：可以设置画笔的直径、硬度和形状。模式：加色和去色。加色，可增加图像颜色的饱和度，使图像中的灰度色调减少，当对灰度图像作用时，就会减少中间灰度色调颜色，图像更加鲜明；去色，能降低图像颜色的饱和度，使图像中的灰度色调增加，当对灰度图像作用时，则会增加中间灰度色调颜色。

图 17-10

（4）操作技巧

① 以上三种工具不能用在位图、索引颜色模式的图像中。

② 加深工具和减淡工具的功能与"亮度/对比度"中的"亮度"功能基本相同，不同的是"亮度/对比度"是对整个图像的亮度进行控制，而加深工具和减淡工具可根据需要对指定的图像区域进行亮度控制，所以这两个工具使用起来更有弹性。

17. 2. 4　模糊工具组

（1）功能　使用模糊工具组可以对图像进行清晰或模糊处理。包括模糊工具、锐化工具和涂抹工具，是局部处理工具。模糊工具，用于降低图像相邻像素间的对比度，使图像色彩过渡平滑，产生一种模糊效果。锐化工具，用于增大图像相邻像素间的反差，提高图像清晰度或聚焦程度。涂抹工具，用于模拟搅动颜料时的色彩混合效果。

（2）激活　从工具箱中选择，或输入"R"键，默认工具为"模糊工具"。"涂抹工具"和"局部处理工具"单击下拉列表框的下三角按钮选择即可。工具选项栏如图 17-11 所示。可以设置画笔、模式、强度、勾选"对所有图层取样"及"手指绘画"（锐化工具特有）。

图 17-11

（3）模糊工具选项

① 画笔　可设置其直径、硬度、形状。

② 模式　正常、变暗、变亮、色相、饱和度、颜色、明度等，一般设为正常。

③ 强度　用于设置画笔的力度和效果强弱，取值范围为 1%～100%。

17. 2. 5　污点修复画笔工具组

污点修复画笔工具组包括：污点修复画笔工具、修复画笔工具、修补工具和红眼工具，用于修复图像中的杂点、划痕、褶皱和红眼等。

（1）污点修复画笔工具　可以自动从所修饰区域周围取样，并快速移去图像中的污点和其他不理想部分。修复后的部位可不留痕迹地融入图像的其他部分中。

（2）修复画笔工具　修复画笔工具与污点修复画笔工具用法类似，不同的是在使用修复画笔工具前要指定样本，即在无污点位置进行取样，然后用取样点的样本图像来修复所需图像。

（3）修补工具　用于从图像其他区域或使用图案来修补受损区域。

（4）红眼工具　可移去由闪光灯导致的红色反光，用于修复照片中出现的红眼现象。红眼工具还可保留照片原有材质效果和明暗关系及任意部位的色彩。

（5）激活　从工具箱中选择，或输入"J"键，默认工具为"污点修复画笔工具"。"修复画笔工具"和"修补工具""红眼工具"单击下拉列表框的下三角按钮选择即可。然后移动鼠标指针至图像窗口中需处理的位置即可。如图 17-12 所示，分别为污点修复画笔工具、修复画笔工具、修补工具和红眼工具选项栏。

（6）工具选项

① 画笔　设置画笔的直径、硬度和形状。

② 模式　正常、替换、正片叠底、滤色、变暗、变亮、颜色、明度等，一般设为正常。

③ 其他勾选项　包括近似匹配、创建纹理、对所有图层取样、取样、图案、对齐、源、

图 17-12

目标、透明等，根据字面意思可以勾选查看不同效果。

（7）操作技巧

① 画笔直径应比所需修复区域稍大，这样只需单击一次即可修复整个区域。在选项栏的"模式"下拉列表框中选择"替换"选项，可保留画笔描边边缘处的杂色、胶片颗粒和纹理效果。

② 在英文状态下按"["或"]"键可调整画笔直径大小。

③ 在修复图像时，取样点光标会随画笔移动，修复的新图像为取样点光标所在位置的图像。为了避免光标移到不需要的图像上，必要时可以按"Alt"键重新取样，再进行修复操作。

④ 在修复画笔工具栏选项栏中选中"对齐"复选框，可对图像连续取样修复，而不会失去当前的取样点；若取消选中，则每次停止或重新开始修复时将使用初始取样点的样本图像。

⑤ 在修补工具选项栏选中"源"单选按钮，使用修补工具选择的是需修复的图像；选中目标单选按钮，使用修补工具选择的是取样点图像。

⑥ 在修补工具选项栏中选中"透明"复选框后，修补的目标图像上将保留取样点图像的部分透明效果纹样。

⑦ 红眼工具不能用于位图模式、索引模式和多通道色彩模式。

17.3 绘画工具

17.3.1 渐变工具和油漆桶工具

填充工具组包含渐变工具█和油漆桶工具▲，都是用来填充的工具，区别在于填充的内容不同。

（1）渐变工具 填充逐渐变化的色彩。

（2）油漆桶工具 可使用前景色或图案填充着色相近的区域。

（3）激活 从工具箱中选择█，或输入"G"键，默认工具为"渐变工具"。"油漆桶工具"单击下拉列表框的下三角按钮选择即可。渐变工具、油漆桶工具选项栏如图 17-13 所示。

图 17-13

（4）工具选项

① 色彩渐变模式　点击色彩渐变的下拉三角，可以看到各种色彩渐变的模式，如从前景色到背景色渐变、从前景色到透明渐变、从黑到白渐变等共 15 种色彩渐变模式，根据需要进行选择后，在选区或在窗口拖拉线条，可以看到渐变效果，线条的长度代表了颜色渐变的范围。

② 渐变方向　向不同的方向拖拉渐变线会产生不同的颜色分布。渐变有径向渐变 、角度渐变 、对称渐变 、菱形渐变 4 种渐变方式。

③ 模式　指色彩叠加的模式，包括正常、溶解、变暗、正片叠底、颜色加深等共计 20 多种模式，选择模式后进行渐变填充即可看到效果，一般以正常为主。

④ 反向　它的作用是将起点色与终点色颠倒。

⑤ 仿色　可以在较少的颜色中创建较为平滑的过渡效果。

⑥ 透明区域　可以保持渐变设定中的透明度，如果关闭，渐变色中就不带有透明区域。

⑦ 填充模式　填充前景色或图案。图案为预先定义好的图案。

⑧ 所有图层　勾选后，油漆桶工具在具有多层的图像中进行填充，此时 Photoshop 会对所有图层中的颜色进行取样并填充。

17.3.2　画笔工具组

画笔工具组包括画笔工具 、铅笔工具 和颜色替换工具 。

（1）画笔工具　类似用毛笔在图纸上画图，表现出多种边缘柔软的画笔效果，可以选择多种类型的画笔修饰花纹。

（2）铅笔工具　与画笔工具相似，但不同点是笔触变化小，边缘较硬。

（3）颜色替换工具　可以在只想要改变图像的背景颜色或对象颜色的时候使用。

（4）激活　从工具箱中选择 ，或输入"B"键，默认工具为"画笔工具"。"铅笔工具""颜色替换工具"单击下拉列表框的下三角按钮选择即可。然后移动鼠标指针至图像窗口中需处理的位置即可。工具选项栏如图 17-14 所示。

图 17-14

（5）工具栏选项

① 画笔　可以设置画笔直径、硬度、形状。

② 模式　画笔、铅笔模式一致，有 20 多种，一般以正常为主。"颜色替换"工具模式为色相、饱和度、颜色、明度等，选择后即可看到其不同的效果。一般设置为"颜色"模式。

③ 自动抹除　选中铅笔工具选项栏中的"自动抹除"，可在包含前景色的图像上绘制背景色，或在包含背景色的图像上绘制前景色。

④ 取样　颜色替换工具选项栏中的"取样"包括连续、一次和背景色板。"连续"，在拖移时对颜色连续取样。"一次"，只替换第一次单击的颜色所在区域中的目标颜色。"背景色"，只抹除包含当前景色的区域。

⑤ 限制　颜色替换工具选项栏中的"限制"包括不连续、连续和查找边缘。"不连续"，

替换与紧挨在指针下任何位置样本颜色。"连续"，替换与紧挨在指针下的颜色临近的颜色。"查找边缘"，替换包含样本颜色的相连区域，同时更好地保留形状边缘的锐化程度。

⑥ 其余选项　如不透明度、流量、容差等与其他工具的效果一致。

（6）操作技巧

① 使用画笔工具或铅笔工具绘制图像时，按住"Shift"键并拖动，可绘制出水平或垂直方向的直线。

② 除软件数据库中所带笔头修饰花纹以外，其笔头类型还可以自己扩展，或网上收集网友制作的笔刷，不同的笔刷具有不同的效果。

17.3.3　历史记录画笔与历史记录艺术画笔组

（1）历史记录画笔工具　历史记录画笔工具 ，是一种绘图工具，将图像恢复到某个历史状态。它与画笔工具的设置相同，但又有其独特作用。使用历史记录画笔工具时，必须配合"历史记录"面板使用，例如，对一幅图像进行了去色、模糊 2 次操作以后，想让图像的上下部分保持模糊而让中间部分还原到去色状态，并且恢复原有色彩的状态，用历史记录画笔很快就能将中间部分"恢复"出来。

（2）历史记录艺术画笔工具　历史记录艺术画笔工具 ，与历史记录画笔工具类似，该工具也具有恢复图像的功能，所不同的是，历史记录艺术画笔工具却将局部图像依照指定的历史记录状态转化成手绘图的效果。在使用历史记录艺术画笔工具时，同样需要配合"历史记录"面板进行，历史记录艺术画笔工具的选项栏参数设置，除了可以设置前面介绍过的"画笔""模式"和"不透明度"外，还有设置其他的功能，如图 17-15 所示。

图 17-15

（3）工具选项

① 样式　在此下拉列表中可以选择各种绘图样式，有 10 种选择，如绷紧短、绷紧中、绷紧长、松散中等、松散长、轻涂等，选择一种模式进行画图即可看到其效果。

② 区域　用于设置绘制所覆盖的像素范围。该数值越大，画笔所覆盖的像素范围就越大，反之就越小。

③ 容差　用于设置绘图时所应用的像素范围。若设置一个较小的值，则可以在图像的任何区域绘制时不受限制；若设置一个较大的值，则在与历史记录状态或快照图像的色调相差较大的区域中绘制时将受限制。

17.3.4　文字工具

应用文字工具可以在图像中输入文字，Photoshop 支持多种选项，并提供了各种文字样本，不用逐一地确认文字的形态就可以方便地进行输入。Photoshop 的文字工具包含横排文字工具 T、直排文字工具 、横排蒙版文字工具 和直排蒙版文字工具 4 种。

（1）激活　"横排文字工具"（默认），从工具箱中选择 T 或在英文状态下输入"T"键切换。"直排文字工具""横排蒙版文字工具""直排蒙版文字工具"单击下拉列表框的下三角按钮选择，然后移动鼠标指针至图像窗口中需处理的位置输入文字。如图 17-16 为横排文字工

图 17-16

具选项栏，其余三种文字的工具栏选项与横排文字的唯一的差别是对齐方式不一致。

（2）工具选项

① 字体　可以选择软件自带的字体。

② 字体大小　设置字体的大小。

③ 消除锯齿　包括无、锐利、犀利、浑厚和平滑。

④ 对齐方式　左、中、右对齐文本，主要针对有文本框的段落文本。

⑤ 字体颜色　可以预先设置字体颜色，或选中文字再进行更改字体颜色。

⑥ 文字变形　提供多种文字变形的式样，如扇形、上弧、下弧、拱形等共计 15 种。

⑦ 隐藏/显示字符和段落调板　可以用该调板对文本格式进行控制。

（3）操作技巧

① 文字输入方式　有"点文字"和"段落文字"两种文字输入方式。点文字，用文字工具在图像中单击后即可输入文本行，点文字适合输入单行文字或较少的文字，优点是方便快捷。段落文字，用文字工具在图像中拉出一个文本框，然后输入文字，段落文字适合输入多行文字，优点是便于文字编辑。

② 文字蒙版　在图像中建立文字选区范围，必须进行填充，填充后文字选区变为图像。

③ 文字编辑　文字工具点击文字进入编辑状态，同时可以使用字符调板和段落调板对文本格式进行控制。

④ 文字图层　横/竖排文字工具点击后可以自动生成文字图层，而横/竖排文字蒙版工具须基于当前（或新建）栅格图层上才能进行填充，若在矢量图层（如文字、形状图层）上则无法填充。

17.3.5　钢笔工具组

钢笔工具组包括钢笔工具、自由钢笔工具、增加/删除节点工具、转换节点工具。

（1）钢笔工具　钢笔工具 ，主要用以精确选择图像或者绘制人物，可以自由地使用直线和曲线，选择以后可以将路径转换为选区或形状。

（2）自由钢笔工具　自由钢笔工具 ，可以自由绘制路径曲线，不必定义锚点的位置，绘制完后使用"直接选择"工具再做进一步的调节。

（3）增加节点工具　增加节点工具 ，用于增加路径中的节点，将"增加节点"工具移动到路径中非节点位置，单击鼠标左键即可添加节点。

（4）删除节点工具　删除节点工具 ，用于删除路径中已经存在的节点，是将"删除节点"工具移动到路径中的某个节点位置处，单击鼠标左键即可删除该节点。

（5）转换节点工具　转换节点工具 ，用于调整路径的形状，如路径段的曲率与方向，按住 Alt 键的同时拖拉路径的方向线可单独控制当前路径段某一侧的形状。

（6）激活　从工具箱中选择 ，或输入"P"键，默认工具为"钢笔工具"。"直排文字工具""自由钢笔工具""增加节点工具"" 删除节点工具"" 转换节点工具"单击下拉列表框的下三角按钮选择即可。分别点击两个钢笔工具后，选项栏如图 17-17 所示。

图 17-17

（7）工具选项

① 形状图层　激活此按钮，在使用钢笔工具绘制某个形状后，不但可以绘制路径，而

且还可以创建一个新的形状图层。

② 路径　激活此按钮，在使用钢笔工具绘制某个路径后只产生形状所在的路径而不产生形状图层。

③ 填充像素　只有当前工具是某个形状工具（如"自定形状"工具）时方可激活该按钮，激活该按钮后，使用某个形状工具绘制图形时，将既不产生路径也不产生形状图层，但会在当前图层中绘制一个由前景色填充的形状。

④ 自动添加/删除　勾选复选框后，钢笔工具也具有增加节点或删除节点的功能。

⑤ 磁性　勾选复选框后，自由钢笔工具转换为磁性钢笔工具，磁性选项用来控制磁性钢笔工具对图像边缘捕捉的敏感度。在选项栏的自由形状工具下拉列表中设置磁性参数。"宽度"是磁性钢笔工具所能捕捉的距离，数值范围是1～40像素；"对比"是图像边缘的对比度，数值范围是0～100%；"频率"值决定添加锚点的密度，范围是0～100%。

⑥ 锚点的数目　钢笔工具由点击数决定，而自由钢笔工具则由曲线拟合参数决定，在选项栏的"自由形状"下拉列表中设置曲线拟合参数，参数值越小自动添加锚点的数目越大，曲线拟合参数的范围是0.5～10像素之间。

⑦ 路径操作　设置路径的新建、增加（并集）、减法（减集）、相交（交集）、镂空5种操作（前4种在选区中已说明）。镂空，最终的路径是原有路径与新绘制的路径的组合，但需要减去两者公共部分。

（8）操作技巧

① 绘制直线路径　可在绘制直线路径的同时按住 Shift 键，此时起始节点与结束节点之间将形成一条水平方向、垂直方向或45°方向的直线。

② 封闭路径　将起始节点与结束节点成功连接起来，成功连接时将在连接处的右下角出现一个空心的圆圈。

③ 开放路径　在路径的结束节点以外的任意位置按住 Ctrl 键，同时单击鼠标左键。

④ 绘制曲线路径　在绘制曲线路径时，为了更好地控制曲线的方向，可以在绘制曲线的某一节点完成后释放鼠标按键，按住 Alt 键的同时单击方向点并拖拉鼠标，此时仅可改变方向点一侧的曲率与长度，而另一侧所在的路径段不受任何影响。

⑤ 路径操作　钢笔描点后的路径可以转换为自定义形状、选区、描边、填充、创建蒙版等操作。

17.3.6　矩形工作组

矩形工具组包括矩形工具、圆角矩形工具、椭圆工具、多边形工具、直线工具及自定义形状工具6种，主要用于创建各种形状的图层、路径和图形。

矩形工具组的工具栏选项与钢笔工具组的一致。

17.3.7　路径选择工具组

（1）功能　路径选择工具组包括路径选择工具和直接选择工具，用于选择和移动路径。

（2）激活　从工具箱中选择 ，或输入"A"键，默认工具为"路径工具"。"直接选择工具"单击下拉列表框的下三角按钮选择即可。路径选择工具选项栏如图17-18所示。

图 17-18

（3）工具选项

① 显示定界框复选框　选中后将在路径周围显示定界框，可以直接进行坐标移动、比

例调整、角度旋转等各方面的变化。

② 组合　用于组合同一路径层中的多个路径，选择以后进行添加、减去、交集及重叠区域除外等组合的操作。

③ 对齐与分布　选择多个路径后可以进行各种对齐与分布的操作。

（4）操作技巧　使用路径选择工具，按住"Shift"键并单击可选择多个路径或锚点；按住鼠标左键并拖动鼠标可框选多个路径或锚点；按住"Ctrl"键并单击可在路径选择工具和直接选择工具间切换。

17.3.8　附注工具组

点击附注工具 ，为图像添加注释，快捷键为"N"。

可以用文字在文本框内输入需要注释说明的内容，点击页面右上角可以将其"折叠"，需要看时用选择工具双击打开。在附注工具选项栏内还可设置作者、字体大小、颜色等相关内容。

17.3.9　吸管工具组

吸管工具组包括吸管工具 、颜色取样器工具 、标尺工具 、计数工具 1_2^3，快捷键为"I"。

（1）吸管工具　可提取图像的色样，并将色样作为前景色，按住 Alt 键可作为背景色。

（2）颜色取样器工具　在图像中吸取颜色值，取样器工具最多可取 4 处，颜色信息将显示在信息调板中。可使用取样器工具来移动现有的取样点，按住 Ctrl 键可移动，按住 Alt 键可剪切后在另外的点进行放置。如果切换到其他工具，画面中的取样点标志将不可见，但信息调板中仍有显示。在其选项栏中可以更改取样大小选项。"取样点"代表以取样点处那 1 个像素的颜色为准，3×3 平均和 5×5 平均表示以采样点四周 3×3 或 5×5 范围内像素的颜色平均值为准。

（3）标尺工具　测量两个点之间的位置、距离和角度，在工具选项栏中会显示起点与终点的坐标（X、Y）、角度（A）和距离（L1、L2）等信息。当只有一条直线的时候，角度是根据线段与水平的夹角计算的，距离 L1 显示两个端点之间的距离。在画完一条线段后，在其中一个端点上按住 Alt 键可以拉动画出第二条线段，此时角度就以这两条线段的夹角为准。距离 L1 与距离 L2 分别显示两个端点与中心点之间的距离。

（4）计数工具　可统计图像中对象的个数。

17.3.10　抓手工具

（1）功能　抓手工具 可在图像窗口内移动图像，快捷键为"H"。当图像不能全部显示在画面中，可通过抓手工具移动图像，但移动的是视图而不是图像，它并不改变图像在画布中的位置。其工具栏如图 17-19 所示。

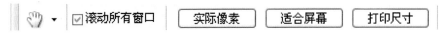

图 17-19

（2）工具栏选项

① 滚动所有窗口　勾选后可以同时移动各窗口中的视图。

② 实际像素　按图像的实际像素进行显示，可以查看图像的最大分辨率。

③ 适合屏幕　以现有屏幕大小进行缩放图像。

④ 打印尺寸　以打印的实际大小进行显示，可以查看最终打印效果。

（3）操作技巧

① 空格键　在使用其他工具时，按住空格键可临时切换为抓手工具。

② 满画布显示　按 Ctrl＋"0"可将视图转为满画布显示。

17.3.11　缩放工具

（1）功能　缩放工具 🔍，可以放大和缩小图像的显示倍数，最大为 1600%，最小为 0.22%。

（2）操作技巧

① 双击　双击放大镜工具可将图像按 100%的比例显示。

② 切换　在使用其他工具时，按住 Ctrl＋"空格键"，可临时切换为放大镜。Ctrl＋"－"，为缩小显示倍数，Ctrl＋"＋"为放大显示倍数。按住 Alt 键，可以在放大或缩小之间进行切换。

17.3.12　设置前景色和背景色

设置前景色🔳，点击前景色，可以在"拾色器"面板中选取所需的颜色作为前景色，同样也可以点击背景色进行设置，点击旁边的箭头可以将前景色和背景色进行切换，也可按"X"键进行切换。点击左下角小的黑白图案，可以将前景色和背景色设置为默认的黑白颜色。

17.3.13　编辑模式切换

编辑模式包括标准模式 🔲 和快速蒙版模式 🔲 。

（1）标准模式　正常的编辑状态。

（2）快速蒙版模式　可以将任何选区作为蒙版进行编辑，将选区作为蒙版来编辑的优点是可以使用任何工具或滤镜修改蒙版。如用选框工具创建了一个矩形选区，进入快速蒙版模式并使用画笔扩展或收缩选区，也可以使用滤镜扭曲选区边缘，结束后进入标准模式查看结果。

17.3.14　屏幕模式切换

屏幕模式包括标准化屏幕模式 🗗、最大化屏幕模式 🔲、带有菜单栏的全屏幕模式 🔲、全屏模式 🔲。在英文状态下直接按"F"键，可以看到屏幕在各种模式之间切换，在全屏模式下再按下 Tab 键，可以关闭所有悬浮菜单，看到完整的图像。

18 Photoshop 图像处理

图像处理主要包括图像色彩模式、图像调整、图像编辑、图像设定等与效果图制作相关的常用命令。

18.1 图像模式

Photoshop 中提供了多种色彩模式，包括位图、灰度、RGB、Lab、CMYK 等模式。

（1）位图模式　位图颜色模式其实就是黑白模式，它只能用黑色和白色来表示图像，只有灰度颜色模式可以转换为位图颜色模式，所以一般的彩色图像需要先转换为灰度颜色模式后再转换为位图颜色模式，它包含的信息最少，因而图像也最小。

（2）灰度模式　应用灰度模式后，可将图像中的彩色信息去掉后留下灰度，有 $0\sim255$ 个不同级别的灰度，因此图像中只有黑、白、灰的颜色显示。

（3）双色调　该模式通过 $1\sim4$ 种自定油墨创建单色调、双色调（两种颜色）、三色调（三种颜色）和四色调（四种颜色）的灰度图像。

（4）RGB 颜色模式　RGB 色彩模式是 Photoshop 默认最佳编辑图像色彩模式。RGB 即是代表红、绿、蓝三个通道的颜色，即三原色。每种原色都有 0（黑色）~255（白）个亮度级，所以三种色彩叠加按照不同的比例混合就产生了各种丰富的颜色，即真彩色。

效果图制作过程中一般使用 RGB 模式，并且直接以 RGB 模式在绘图仪上输出，色彩还原度相对较好。

（5）CMYK 颜色模式　此模式是 32 位的颜色模式，是印刷时使用的一种模式。这种模式包括 4 种墨水颜色，分别是青色（Cyan）、品红（Magenta）、黄色（Yellow）和黑色（Black），这 4 种颜色按照不同的百分比进行混合，可创建出任何需要的颜色。

在制作印刷色打印的图像时，可先将其他模式转换成 CMYK 模式，如可将 RGB 图像转换为 CMYK 模式。

（6）Lab 色彩模式　Lab 色彩模式由光度分量（L）和两个色度分量组成，这两个分量即 a 分量（从绿到红）和 b 分量（从蓝到黄），Lab 色彩模式与设备无关，不管使用什么设备（如显示器、打印机或扫描仪）创建或输出图像，这种色彩模式产生的颜色都保持一致。

Lab 色彩模式通常用于处理 Photo CD（照片光盘）图像、单独编辑图像中的亮度和颜色值、在不同系统间转移图像以及用 PostScript（R）Level 2 和 Level 3 打印机进行打印。

（7）索引颜色模式　索引颜色模式又称映射模式。图像中最多含有 256 种颜色的 8 位图像文件。图像以索引颜色模式打开时 Photoshop 会从彩色对照表中找出对应的色彩值。若没有相对应的颜色则会从对照表中选择最相近的颜色来进行模拟显示。

此模式适合制作放置于 Web 页面上的图像文件或多媒体动画。

（8）多通道模式　多通道模式图像在每个通道中包含 256 个灰阶，该模式适用于有特殊打印需求的图像。

18.2　图像色调调整

所有颜色都是由色相、饱和度、亮度组成，图像的调整即进行色调和色彩调整。色调调整包括色阶、自动对比度、自动颜色、曲线、色彩平衡、亮度/对比度等。

18.2.1　色阶

（1）功能　色阶主要用于调节图像的明度。用色阶来调节明度，图像的对比度、饱和度损失较小。

（2）激活　点击下拉菜单"图像"/"调整"/"色阶"激活，或用组合键"Ctrl+L"。

（3）操作技巧

① 色阶调整可以通过输入数字，对明度进行精确的设定，如图 18-1 所示。在对话框中设置参数，如果对参数不满意，可按住 Alt 键不放，此时取消按钮变为复位按钮，单击复位按钮可以将对话框中的参数还原为默认值。如图 18-2、图 18-3 所示为调整色阶前后的颜色对比。

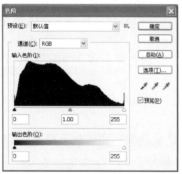

图 18-1 　　　　　　　　　　图 18-2 　　　　　　　　　　图 18-3

② "自动色"相当于在"色阶"命令中单击"自动"按钮的功能，对应的快捷键是 Ctrl+Shift+L，设置此命令的目的是为了方便地对图像中不正常的高光或阴影区域进行初步处理，而不用打开"色阶"对话框。"自动色阶"命令改变图像亮度的百分比，以最近使用"色阶"对话框时的设置为基准。

18.2.2　自动对比度

"自动对比度"命令可以让系统自动地调整图像亮部和暗部的对比度。其原理是将图像中最暗的像素变成黑色，最亮的像素变成白色，而使人看上去较暗的部分变得更暗，较亮的部分变得更亮。通过下拉菜单"图像"/"调整"/"自动对比度"，或用组合键"Alt+Ctrl+Shift+L"激活。

18.2.3　自动颜色

"自动颜色"命令可以让系统自动地对图像进行颜色的校正。如果图像有色偏或者饱和度过高，均可以使用该命令进行自动调整。通过下拉菜单"图像"/"调整"/"自动颜色"，或者组合键"Ctrl+Shift+B"激活。

18.2.4　曲线

（1）功能　"曲线"命令是广泛应用的色调控制方式，其原理和"色阶"相同，但可以

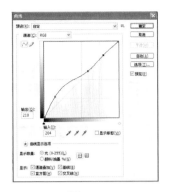

图 18-4

做更多、更精密的设置，如可以调整图像的亮度、对比度、控制色彩等综合功能。该命令实际上由"色相""色调分离""亮度/对比度"等多个命令组成的，因此功能强大，可以进行较有弹性的调整，如图 18-4 所示为曲线控制面板。

（2）激活　点击下拉菜单"图像"/"调整"/"曲线"，或用组合键"Ctrl＋M"激活。

（3）工具选项

① 曲线表格　在"曲线"对话框中调整色调亮度，必须使用曲线表格。改变表格中的线条形状即可调整图像的亮度、对比度和色彩平衡等效果。表格中的横坐标代表输入色调（原图像色调）；纵坐标代表输出色调（调整后的图像色调），变化范围都是 0～255。

② 曲线形状　在选择曲线工具后，将鼠标指针移到表格中，当其变成"＋"字形时单击，就可以产生一个节点。该点的输入、输出数值显示在对话框左下角的"输入"与"输出"文本框中。将鼠标指针移到节点上变为十字箭头时，按下鼠标左键并拖动，即可改变曲线形状。当曲线越向左上角弯曲，图像色调越亮；越向右下角弯曲，图像越暗。此外也可以选择铅笔工具调整曲线形状。在选择铅笔工具后，移动鼠标指针至表格中绘制即可。使用铅笔工具绘制曲线时，对话框中的"平滑"按钮会被置亮，可以用来改变铅笔工具绘制的曲线平滑度。

18.2.5　色彩平衡

（1）功能　"色彩平衡"在彩色图像中改变颜色的混合，从而使整体图像的色彩平衡。虽然"曲线"命令也可以实现此功能，但"色彩平衡"命令使用起来更方便、更快捷。

（2）激活　点击下拉菜单"图像"/"调整"/"色彩平衡"，或用组合键"Ctrl＋B"激活，命令面板如图 18-5 所示。

（3）工具选项

① 色阶　调整滑杆或在文本框中直接输入数值可以控制色彩变化。这 3 个滑杆的变化范围都在－100～100 之间。滑标向左，图像中的颜色变化接近 CMYK 的颜色；向右，图像中的颜色趋近于 RGB 色彩，3 个选项均为 0 时，图像色彩不变。

② 色调平衡　选项组中有"暗调""中间调"和"高光"3 个单选按钮。选择某一按钮，"色彩平衡"命令就调节对应色调的像素，而且小三角滑标的颜色也会随之改变，相应地变成黑色、灰色和白色。

18.2.6　亮度/对比度

（1）功能　"亮度/对比度"命令主要用来调节图像的明暗和对比度。虽然使用"色阶"和"曲线"命令都能够实现此功能，但是这两个命令使用起来比较复杂；而使用"亮度/对

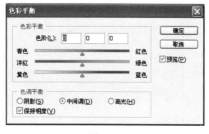

图 18-5

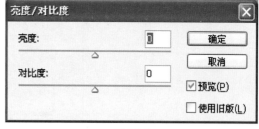

图 18-6

比度"命令可以简便、直观地完成亮度和对比度的调整。

（2）激活　点击下拉菜单"图像"/"调整"/"亮度/对比度"激活，命令面板如图 18-6 所示。

（3）工具选项

① 拖动"亮度"滑杆上的滑标或在其文本对话框中输入数值（范围−100～100），可以调整图像的亮度；拖动"对比度"滑杆或在其文本框中输入数值（范围−100～100），可以调整图像的对比度。

② 亮度和对比度的值为负值时，图像亮度和对比度下降；若值为正值时，则图像亮度和对比度增加，当值为 0 时，图像不发生变化。

18.3　图像色彩调整

色彩调整包括色相/饱和度、去色、替换颜色、可选颜色、通道混合器、渐变映射等。

18.3.1　色相/饱和度

（1）功能　"色相/饱和度"命令主要用于改变像素的色相、饱和度、明度，而且它还可以通过给像素指定新的色相和饱和度，实现给灰色图像染上色彩的功能。

图 18-7

（2）激活　点击下拉菜单"图像"/"调整"/"色相/饱和度"，或用组合键"Ctrl＋U"激活，命令面板如图 18-7 所示。

（3）操作技巧　拖动对话框中的"色相"（范围−180～180）、"饱和度"（范围−180～180）和"亮度"（范围−100～100）滑杆或在其文本框中输入数值，分别可以控制图像的色相、饱和度及亮度。

18.3.2　去色

（1）功能　"去色"的主要作用是去除图像中的饱和色彩，即将图像中的所有颜色的饱和度都变为 0，也就是将图像转化为灰度图像。但与直接使用"灰度"命令转换灰度图像的方法不同，用该命令处理后的图像不会改变图像的颜色模式，只是去了彩色的颜色。

（2）激活　点击下拉菜单"图像"/"调整"/"去色"，或者组合键"Shift＋Ctrl＋U"激活。

（3）操作技巧　"去色"命令的最方便之处在于，它可以只对图像的某一选择区域进行转换，与"灰度"命令不一样，对整个图像发生作用。

18.3.3　替换颜色

（1）功能　"替换颜色"可以替换图像某个选定范围内的颜色。它相当于"色彩范围"命令加上"色相/饱和度"命令的功能。

（2）激活 下拉"图像"/"调整"/"替换颜色"，如图 18-8 所示为替换颜色对话框。

（3）工具选项 替换颜色：用吸管工具吸取图像欲替换的颜色，颜色在右侧的框中显示出来，替换颜色调整色相、饱和度、明度的数值，在颜色"结果"框中显示变化，勾选"预览"后图像发生变化，如图 18-9、图 18-10 所示，最后按"确定"固定替换颜色。

18.3.4 可选颜色

（1）功能 "可选颜色"命令可以校正不平衡问题和调整颜色。

（2）激活 点击下拉菜单"图像"/"调整"/"可选颜色"激活，也可以调整在"颜色"下拉列表中设置的颜色，如图 18-11 所示。

图 18-8

图 18-9

图 18-10

图 18-11

图 18-12

（3）操作技巧 色彩调整：可以有针对性地选择红色、绿色、蓝色、青色、洋红色、黄色、黑色、白色和中性色，进行调整。通过使用"青色""洋红""黄色"和"黑色"这 4 根滑杆可以针对选定的颜色调整 C、M、Y、K 的比重，来修正各原色的网点增益和色偏。各滑杆的变化范围都是-100～100。对话框底部的"方法"选项组中设有"相对"和"绝对"2 个单选按钮。相对，调整的数额以 CMYK 四色总数量的百分比来计算；绝对，以绝对值调整颜色。

18.3.5 通道混合器

（1）功能 "通道混合器"命令可以使用当前颜色通道的混合来修改颜色通道，产生图像合成效果。

（2）激活 点击下拉菜单"图像"/"调整"/"通道混合器"激活，如图 18-12 所示。

（3）工具选项

① 在"通道混合器"下拉列表中，可以选择要调整的色彩通道。若对 RGB 模式图像作用时，该下拉列表显示红、绿、蓝三原色通道；若对 CMYK 模式图像作用时，则显示青色、洋红、黄、黑四个色彩通道。

② 在"源通道"选项组中，可以调整各原色的值。对于 RGB 模式图像，可调整"红色""绿色"和"蓝色"3 根滑杆，或在文本框中输入数值。对于 CMYK 模式的图像，则

可调整"青色""洋红""黄色"和"黑色"4根滑杆，或在文本框中输入数值。在对话框底部还有"常数"滑杆，拖动此滑杆上的滑标或在文本框中输入数值（范围−200～200）可以改变当前指定通道的不透明度。在RGB的图像中，常数为负值时，通道的颜色偏向黑色；常数为正值时，通道的颜色偏向白色。

③ 单色复选框　可以将色彩图像变成灰度图，即图像只包含灰度值，此时，对所有的色彩通道都将使用相同的设置。

18.3.6　渐变映射

（1）功能　"渐变映射"的主要功能是将预设的几种渐变模式作用于图像。将要处理的图像作为当前图像。

（2）激活　点击下拉菜单"图像"/"调整"/"渐变映射"激活，命令面板如图18-13所示。

图 18-13

（3）工具选项

① 渐变模式　"灰度映射所用的渐变"提供了多种渐变模式，它的默认模式为由黑到白的渐变。单击右端的按钮，会弹出一个面板，其提供的渐变模式和渐变工具的渐变模式一样，但是使用两者所产生的效果不一样。一是"渐变映射"功能不能应用于完全透明图层，或图层中没有任何像素；二是"渐变映射"功能先对所处理的图像进行分析，然后根据图像中各个像素的亮度，用所选渐变模式中的颜色替代，这样从结果图像中往往仍然能够看出原图的轮廓。

② 仿色　用于控制效果图中的像素是否仿色。

③ 反向　作用类似于"调整"菜单中的"反向"命令。选择此复选框后，产生原渐变图的反转图像。

19 Photoshop 图层及其应用

19.1 图层的概念

图层类似含有文字或图形元素的胶片，一张张按顺序叠放在一起，组合起来形成页面的最终效果。图层可以将页面上的元素精确定位。图层中可以加入文本、图片、表格、插件，也可以在里面再嵌套图层。利用图层可以将一个图像分为多个层进行操作。在图片上直接绘图时，如果发生错误，不能更改，利用图层可以在保存原图像的情况下操作。

19.2 图层的类型

在 Photoshop 中，图层分为普通图层、背景图层、调整图层、文本图层、透明图层 5 种类型。

(1) 普通图层　最基本的图层类型，相当于一张用于绘画的玻璃纸。

(2) 背景图层　位于图层最下方，相当于绘画时最下面的图纸。背景图层可以和普通图层相互转换但无法交换排列次序。

(3) 调整图层　用于调节其下方所有图层中图像的色调、亮度和饱和度等。

(4) 文本图层　使用文字工具时自动创建的图层。通过栅格化可以将其转化为普通图层，但转化后无法再编辑文字。

(5) 透明图层　新建文件时可以设置背景为透明。

19.3 图层的样式

图层样式是一种在图层中应用投影、发光、斜面、浮雕和其他效果的快捷方式，Photoshop CS4 提供了如图 19-1 所示的多种图层样式，一旦应用了图层效果，当改变图层内容时，这些效果也会自动更新。另外还提供了图层样式的混合选项，灵活运用这些样式，不仅能为作品填色不少，还可以节省不少时间。

19.3.1 投影和内阴影

(1) 功能　在 Photoshop 中制作阴影效果，使用图层样式即可实现。Photoshop 提供了两种阴影效果的制作，即投影和内阴影。这两种阴影效果的区别在于：投影是在图层内容背后产生阴影，从而产生投影的视觉；而内阴影则是紧靠在图层内容的内边缘添加阴影，使图层具有凹陷外观。这两种图层样式只是产生的图像效果不同，其参数选项一样，如图 19-1 所示。

（2）工具选项

① 混合模式　选定投影的图层混合模式，包括正常、溶解、变暗、正片叠底等，在其右侧有颜色框，单击可以打开拾色器，选择阴影颜色。

② 不透明度　设置阴影的不透明度，值越大阴影颜色越深。

③ 角度　用于设置光线照明角度，阴影方向会随光照角度的变化而发生变化。

④ 使用全局光　为同一图像中所有图层样式设置相同的光线照明角度。

⑤ 距离　设置阴影的距离，变化范围 0～30000 像素，值越大距离越远。

⑥ 扩展　设置光线的强度，变化范围 0～100％，值越大柔化程度越大。当其值为 0 时，该选项将不产生任何效果。

⑦ 品质　在此选项组中，可通过设置"等高线"和"杂色"选项来改变阴影效果。在"等高线"选项中可以选择一个已有的等高线效果应用于阴影，或者编辑一个等高线效果，如图 19-2 所示。要选择一个已有等高线效果，可单击"等高线"下拉列表框的下三角按钮，打开面板。如果要编辑一个等高线，可以单击"等高线"列表框图案，打开"等高线"编辑器，在其中编辑一个等高线。

⑧ 图层挖空投影　控制投影在半透明图层中的可视性或闭合。

图 19-1

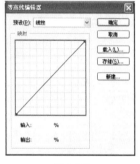
图 19-2

图 19-3

19.3.2　外发光和内发光

外发光和内发光用来制作图像物体的发光效果，外发光的光线发向物体以外，内发光的光线发向物体内部。

19.3.3　斜面和浮雕

（1）功能　选择斜面和浮雕效果可以制作出物体的浮雕效果。选项如图 19-3 所示。

（2）工具选项

① 样式　不同样式可以在图层内容的外边缘上产生不同效果，包括外斜面、内斜面、浮雕效果、枕状效果、描边效果等浮雕效果。

② 方法　浮雕产生的方法包括平滑、雕刻清晰、雕刻柔和等。

19.3.4　光泽

在图层内部根据图层的形状应用阴影，创建出光滑的磨光效果，在其选项栏内可以设置光泽的混合模式、颜色、不透明度、角度、距离、大小、等高线等内容。

19.3.5　颜色叠加/渐变叠加/图案叠加

（1）颜色叠加　可以在图层内容上填充一种纯色。此图层样式与使用"填充"命令填充前景色的功能相同，与建立一个纯色的填充图层类似，只不过"颜色叠加"图层样式比上述两种方法更方便，因为它可以随时更改已填充的颜色。

（2）渐变叠加　可以在图层内容上填充一种渐变颜色。此图层样式与在图层中填充渐变颜色的功能相同，与创建渐变填充图层的功能相似。

（3）图案叠加　可以在图层内容上填充一种图案。

19.3.6　描边

描边可以在图层内容边缘产生一种描边的效果。在选项上可以设置边的宽带、位置、混合模式、不透明度、填充类型等。

19.4　图层相关操作

图层的相关操作集中在"图层"控制面板上，主要包括新建、复制、删除、编辑等，如图 19-4 所示。

19.4.1　创建新图层

在编辑图像时，在保持原图像不变的状态下，创建新图层并在其中进行操作，可以不损伤原图像，完成后通过重叠图像可以合成一个图像，不仅可以提高效率、制作不同效果，还可以保留原图像便于重新开始。在 Photoshop 中可以用以下几种方法建立新图层。

图 19-4

（1）图标　点击图层调板底部的"建立新图层"  图标，在图层调板中就会出现一个"图层 1"的透明图层。

（2）图层控制面板　用鼠标单击调板右边的小三角，弹出菜单，选择菜单中的"新图层"命令可以建新图层，还可在其对话框中更改图层名字，设定"不透明度"、图层颜色和模式等。

（3）拷贝、粘贴命令建新图层　通过对图像进行拷贝（局部或全部），并粘贴到原文件或新建文件，都会自动给所粘贴的图像建一个新图层。

（4）拖放建立新图层　同时打开两张图像，用移动工具拖动当前图像放到另一张图像上，拖动的图像被复制并产生新图层，而原图不受影响。

（5）从菜单中建新图层　在下拉菜单"图层"中有 4 个命令可创建新的图层：直接执行"图层"/"新建"/"图层""背景图层""通过拷贝的图层""通过剪切的图层"。

19.4.2　图层的删除

删除图层的方法有以下 4 种：

① 在"图层控制面板"选定要删除的图层，单击"删除图层"按钮 🗑 。

② 在"图层控制面板"将选定要删除的图层直接拖动到"删除图层"按钮 🗑 。

③ 在"图层控制面板"选定要删除的图层单击右键，在弹出的快捷菜单中选择"删除图层"命令。

④ 点击下拉菜单"图层"/"删除"/"图层"，删除图层。

19.4.3　图层的编辑

（1）图层的隐藏/显示　在图层调板中，单击眼睛图标，👁 显示时，表示图层可见；▯ 显示时，隐藏图层，再次单击则会重新显示该图层。

（2）图层的复制　图层复制有 5 种方法：在图层调板中，将要复制的图层拖到图层调板下面的 图标上，即可复制出一个带有"副本"字样的图层；点击图层调板右上角弹出菜单，选择"复制图层"命令；图层调板中选中图层，右键弹出快捷菜单，选择"复制图层"；下拉菜单"图层"/"复制图层"；用移动工具选择图层后，按住 Alt 键并移动即可产生该图层的副本，该方法最为常用。

（3）图层的移动　移动图层时，如果要每次移动 10 像素的距离，按住"Shift＋方向键"可实现；要控制移动的角度，移动时按住 Shift 键，以水平、垂直或 45 度角移动；如果要以 1 个像素的距离移动，直接按键盘上的方向键，每按 1 次移动 1 个像素，持续按住方向键可以持续移动。

（4）图层的锁定　将图层的某些编辑功能锁定，可以避免不小心将图层中图像损坏。在图层调板中的"锁定"后面提供了 4 种锁定内容：锁定透明像素、锁定图像像素、锁定位置、全部锁定。

（5）图层的合并　图层合并有向下合并、合并可见图层和拼合图层，可以在下拉菜单"图层"、图层调板右上角、在图层上点击右键弹出的快捷菜单上找到。

① 向下合并　当前选中的图层会向下合并一层。如果在图层调板中将图层链接起来，原来的"向下合并"命令就变成了"合并链接图层"命令，可将所有的链接图层合并。

② 合并可见图层　合并所有可见图层，而隐藏图层不受影响。如果所有的图层和背景都处于显示状态，选择"合并可见图层"命令后，将都被合并到背景上。

③ 拼合图层　将所有的可见图层都合并到背景上，隐藏的图层会丢失，但选择"拼合图层"命令后会弹出对话框，提示是否丢弃隐藏的信息，所以用该命令时一定要注意。

（6）文字图层编辑　用文字工具输入文字时，Photoshop 自动生成新图层，输入文字后，作为矢量图形输出，也可对文字进行修改、编辑、栅格化、创建路径、转换形状等操作。文字图层编辑包括：

① 选择"图层"/"图层样式"，可以设定文字图层的效果、风格。

② 选择"编辑"/"变换"，改变文字角度。

③ 选择"图层"/"文字"/"转换为形状"，可以使文字从背景层分离出来，转换之后，可以当作形状进行相关操作。

④ 选择"图层"/"文字"/"建立工作路径"，使文字转换为能被路径编辑工具编辑的路径。

⑤ 选择"图层"/"文字"/"栅格化"。要对文字进行填涂或使用滤镜，必须首先对文字进行栅格化，转换后文字由矢量图形变为图像，不能再用文字工具进行编辑。

20 Photoshop 效果图制作

效果图是表现设计构思最重要的手段之一。根据图纸类型，效果图包括平面效果图、立面/剖面效果图、透视效果图（一点透视、两点透视、鸟瞰）等；根据时间的不同，可以分为一般效果图（白天）和夜景效果图。

20.1 平面效果图制作

平面效果图在前期方案表现中具有重要作用，一个很好的设计构思（或创意）往往要通过平面图表现出来，效果好的话往往锦上添花，因此制作平面效果图是每个设计师必须掌握的基本技能之一。平面效果图的制作一般包括设计平面图的准备、基底的处理、光影效果、辅助要素的设置、整体效果的调整等过程。

20.1.1 设计平面图的准备

（1）打开位图　设计平面图可以是纸质的草图、工具线条图或电脑图，纸质的图可以通过扫描仪、数码相机转换成电脑图后输入；用其他软件中绘制的设计图，通过转换成位图格式后的图。如图 20-1 为 AutoCAD 打印输出的位图，并在 Photoshop 中打开。

（2）图像大小调整　位图打开后，首先应对其图像大小进行调整，点击下拉菜单"图像"/"图像大小"，弹出如图 20-2 所示的图像大小面板，主要调整文档大小和分辨率，文档一般设置为 A3（420mm×297mm）、A2（594mm×420mm）图纸大小，分辨率为 300 像素/英寸，如设置为 A3 图纸，分辨率为 300 像素/英寸，此时图像大小达 49.8m，像素宽为 3508 像素，高为 4961 像素。对于位图而言，图像大小调整在画图中至关重要，因其文档大小、分辨率直接影响图像效果，关系到最终图纸输出时的清晰度。

20.1.2 基底的处理

平面效果图制作过程中，一般从宏观到局部、从面到点、从基底到上层，这样可以提高画图速度，避免相互干扰或遮挡。基底处理包括图像调整、地被填充、道路/广场铺装、水体处理等面上的内容。

（1）图像调整　图像调整主要是对打开的底图进行对比度（黑白线条图）、色彩（彩色图片）、饱和度（彩色图片）等各方面进行调整，为平面效果图的整体基调做好铺垫。若底图效果较好，则不一定要调整。

（2）定义图案　草坪、花坛、地被的填充，应先制作填充图案。在素材库中找到相关图案，如草坪的图案，打开后将其拉到预填充的图像上，缩放图案大小与要填充的区域比例一致，用矩形选择框选中，点击下拉菜单"编辑"/"定义图案"，将图案进行定义，如图 20-3 所示。可以顺序定义花卉、道路、广场、水体等要填充的图案。

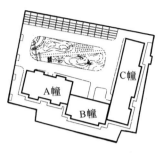
图 20-1

图 20-2

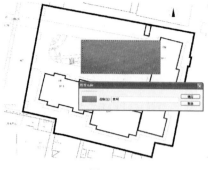
图 20-3

（3）图案填充　在底图上选择要填充的区域，然后新建一个名为"草坪"的图层，在该图层上进行草坪的填充。填充后图案之间会出现拼接缝，可以应用"仿制图章"工具将旁边的图像仿制过来，尽量看不出拼接的痕迹。填充时避免在原图层上填充，新建一个图层填充便于管理或删除后重新填充。同理，可以进行道路、广场、停车场等图案的填充，如图 20-4 所示。

（4）地形处理　在 Photoshop 中，等高线的效果可以用"亮度/对比度"工具进行调整，制作出三维地形立体效果。在原图层上首先选中顶层等高线的区域，在"草坪"图层将其"亮度/对比度"调高，形成阳光照射下该区域由于地形高而受光较多发亮的效果；然后返回底层图像中依次选中不同高度的等高线区域，并进行"亮度/对比度"数值的逐渐降低，调整后出现光线渐变效果，如图 20-5 所示。由于光线较为均匀，此时可以用"加深""减淡"工具在地形的背光面、受光面进行适当的加深或调亮，形成较为自然的地形光影变化效果。

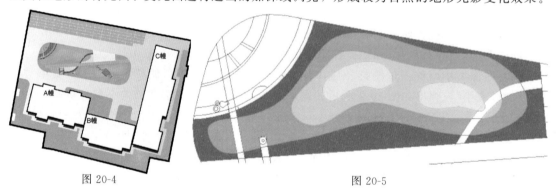
图 20-4　　　　　　　　　　　　　　　　　　图 20-5

20.1.3　园林建筑效果处理

（1）亭顶材质创建　在素材库中找到亭顶素材，打开后拉至亭子旁边，根据比例调整素材的大小；用矩形选框工具选中材质并定义为"亭顶"图案，

（2）亭顶的填充　创建新图层，命名为"建筑"，将当前图层切换到背景图层上，用"魔棒工具"选取亭顶 1/4 区域，如图 20-6 所示；切换到"建筑"图层上，点击下拉菜单"编辑"/"填充"，打开填充对话框，在内容使用处选择"图案"，如图 20-7 所示，选择已定义好的"亭顶"图案，单击"确定"填充图案到建筑层，并根据方向进行调整，最后效果如图 20-8 所示。

（3）亭子阴影的制作　在图层调板上右击"建筑"图层，弹出的快捷菜单上选择"混合选项"，调出图层样式对话框，如图 20-9 所示，勾选"投影"和"斜面和浮雕"，根据需要调整相关参数，可为建筑添加阴影，增强立体感，最终效果如图 20-8 所示。用同样的方法可以制作平面图上的石头、花架等构筑物，效果如图 20-10 所示。

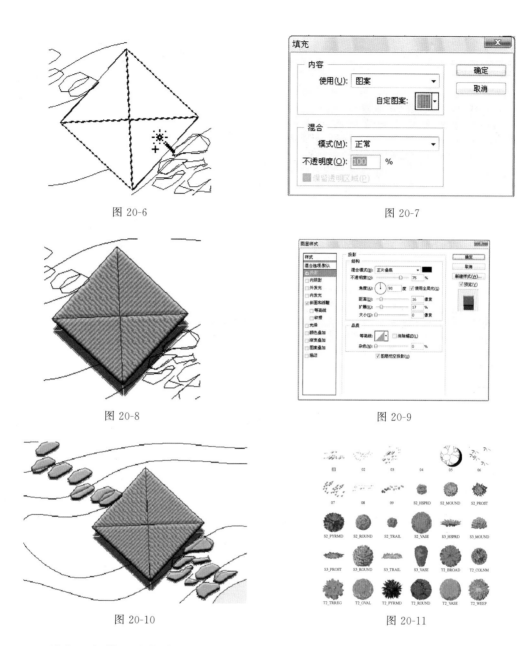

图 20-6   图 20-7

图 20-8   图 20-9

图 20-10   图 20-11

20.1.4 植物图例的制作与应用

植物图例是植物的正投影，可以在 Photoshop 中创建，也可以用手工绘制后扫描进电脑进行应用，并逐渐创建、保存和收集形成自己的平面素材库，如图 20-11 所示。创建植物图层，将植物图例拖入，根据需要对图例大小进行调整并布置。植物图例布置时为了不增加图层，可以用选择工具框选图例，按住 Alt 键用"移动"工具进行拖动并复制，这样可以在同一图层上复制多个对象。植物的阴影可以用"图层样式"中的"投影"进行设置，最终效果如图 20-12 所示。

20.1.5 其他素材的应用

运用植物图例的制作和应用的方法，可以添加停车场里的车辆，如图 20-13 所示。如有需要，还可以在平面图像中添加小品、景石、灯具、人等各种素材的平面图例，以丰富图面效果。

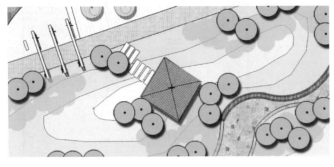

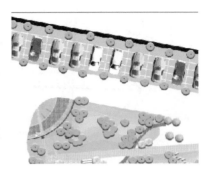

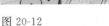

图 20-12   图 20-13

20.1.6　图像整体环境和色彩的调整

平面效果图的所有素材布置结束后，可以将所有图层进行合并，然后统一进行"色彩平衡""亮度/对比度""色相/饱和度"等图像整体视觉效果的调整，其最终效果如图 20-14 所示。

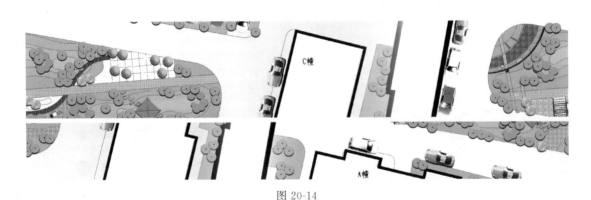

图 20-14

20.1.7　平面效果图制作要点

（1）定义图案　"定义图案"是将欲填充的素材定义为图案后进行填充，只有用"矩形选择框"才能定义图案，图案之间的拼接缝可以用"仿制图章"工具进行调整弥合，使其自然。

（2）地形处理　地形的高差变化由光影效果来调节，可以用"亮度/对比度""加深""减淡"等工具来制作出看似起伏的地形。

（3）图例的复制　用选择工具选择图例后，按住 Alt 键进行复制，可以在同一图层上拷贝多个图例。

（4）光影处理　以"图层"为单位，制作"图层样式"，使整个图层上的内容都产生投影或浮雕效果。

（5）图层的应用　将不同内容放在不同的图层上，可以进行有效管理和编辑，特别是要保留背景层独立，不要与其他图层拼合，这样可以有很多反复或重复操作。全部内容画完，确定不再调整时才最终合并图层。若方案还要修改尽量保留成 PSD 格式，这样图层能完整保留，以便再次修改。

20.2　立面效果图的处理与制作

立面效果图的制作遵循由宏观到局部、由远及近、先大后小的原则，先进行背景、材质的处理，然后插入植物素材，最后进行整体的调整。

20.2.1　立面图的打开与处理

立面图可以是 AutoCAD 的线条图、Sketch Up 的渲染立面图或是手工绘制的立面图，如图 20-15 所示的石拱桥立面图，打开后适当进行"亮度/对比度"的调整，使黑色线条效果更为醒目。

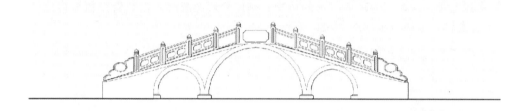

图 20-15

20.2.2　背景的处理

立面效果图制作中，应首先处理背景。用"魔棒"工具选择桥后的所有背景，新建"背景"图层，设置前景色为瓦蓝色、背景色为白色，在"背景"图层上用"渐变"工具，以"线性渐变"的方式，由上往下拉出如图 20-16 的效果。

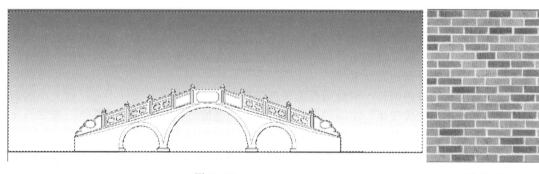

图 20-16 　　　　　　　　　　　　　　　　　图 20-17

20.2.3　立面材质的填充

桥的立面为不规则色彩变化的陶砖，如图 20-17 所示。找到素材后，将其拉入桥立面的旁边，用"自由变换"工具调整其大小以适合桥身比例，"定义图案"后，用"魔棒"工具选择桥身区域，新建"桥身"图层后在其上进行填充，效果如图 20-18 所示。

20.2.4　植物素材的导入与调整

打开立面植物素材库，调入所需的植物，如图 20-19。将其打开，用"魔棒"选择工具选择白色区域，右键弹出的快捷菜单上选择"相似色"，选择背景白色，然后右键弹出的快捷菜单上选择"反选"，这样就可以选择树的所有部分，拷贝将其粘贴到桥的旁边，并按比

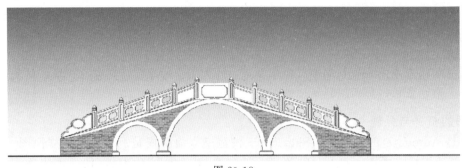

图 20-18   图 20-19

例对树进行缩放，调整其位置、前后、明暗的关系。在立面效果图中，植物的前后关系除通过大小对比来显示外，还可以应用"色相/饱和度"中的"饱和度"将色彩饱和度降低，用"明度"将其光线变淡，因为距离越远的植物其整体色彩会显得较淡，背景树显得比较遥远，从而产生层次感，最终效果如图 20-20 所示。

图 20-20

20.2.5　立面效果图制作要点

（1）背景处理　背景处理可以用"渐变"工具，以"线性渐变"的方式将前景色和背景色均匀渐变成为背景。也可直接用天空的素材，使之成为立面图的背景。背景图层一定要使之处于底层，否则容易遮挡其他素材。

（2）植物远近关系的调整　植物远近关系可以根据透视原理（近大远小）进行大小的调整，也可根据色彩和光线变化，应用"色相/饱和度""亮度/对比度""色彩平衡"等工具调整其浓淡关系。制作时一般先远后近、先大再小、先宏观再局部。

20.3　透视效果图的制作

透视效果图的制作是园林制图中的重点，与平面、立面效果图的最大差别是存在透视关系，图 20-21 为 Sketch Up 导出的模型图，建筑、地面、水体已经赋予了一定的材质，在 Photoshop 中进一步完成环境的制作，包括植被的处理、树木花草的处理、水体倒影及喷泉的制作、整体效果及光影的调整、效果图的装裱等过程。

20.3.1　植被的处理

（1）选区存储　在 Photoshop 中打开图像，新建"图层 1"重命名为"草地"，选中背景图层，使用"魔棒"工具对要填充草地的部分进行选取，按住 Shift 键可全部选择图中绿色的草地范围，全部选中后可点击下拉菜单"选择"/"存储选区"，将选区起名为"草地"进行存储。

（2）图案处理　打开要填充的图案，如图 20-22 所示，将图案拖入图像，用"矩形选择框"选择后"定义图案"。将"草地"图层置为当前，用"矩形选择框"选择比填充区域大的选区，并进行图案填充，如图 20-23 所示。然后按 Ctrl＋T（自由变换工具），根据透视关系进行整体图案的调整，如图 20-24 所示，使草地纹理与透视关系吻合。

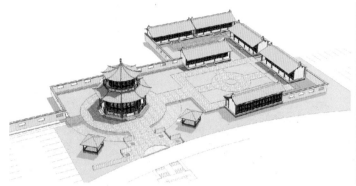

图 20-21   图 20-22

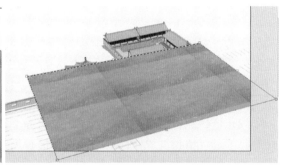

图 20-23   图 20-24

（3）选区载入　图案调整完成后，点击下拉菜单"选择"/"载入选区"，选择"草地"选区并载入，在选区内部单击右键弹出快捷菜单，选择"选择反向"，用选择工具选中草地以外的区域，并按下 Delete 键，将区域内的图案删除，得到如图 20-25 所示的效果。

（4）局部调整　局部调整包括用"仿制图章"工具将图案拼接缝用周边的图像进行替代，如图 20-26 所示。还可以根据透视图中的阴影关系，在阴影部分将草地用"加深"工具进行光线加深，在受光部分用"减淡"工具进行光线调亮，如图 20-27 所示，庭院中间受光

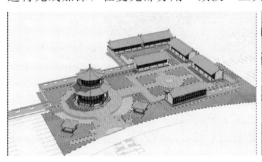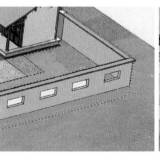

图 20-25   图 20-26   图 20-27

较亮，靠近屋檐受光较暗。草地因为受光角度不同差别很大，所以可以通过下拉菜单"滤镜"/"渲染"/"光照效果"来整体调节其明暗关系，设置点光源的位置如图 20-28 所示，整体效果如图 20-29 所示。

20.3.2 树木花草的处理

（1）树木阴影的制作　打开素材库，应用本章 20.2.4 节的方法将植物选择、拷贝、粘贴到图像的空白区域，复制该植物图层，选择位于底层的植物图层，按下 Ctrl＋T（自由变换），将其中心旋转点移动至树根位置，按住 Ctrl 键，将树"放倒"，如图 20-30 所示，其方向与图像中阴影的方向一致。

图 20-28　　　　　　　　　　图 20-29　　　　　　　　　　图 20-30

之后，将该图层的"不透明度"设置为 40％，选择下拉菜单"图层"/"调整"/"通道混合器"，在选项面板上勾选"单色"，"常数"设置为"－200％"，如图 20-31 所示，树的"真实"阴影产生了。在图层调板中将阴影、树的图层合并，成为一个图层，树的阴影与树合二为一，再进行"种植"时就不用再设置阴影了。

（2）植物配置　其他花草、人、车等独立素材的阴影设置与树的方法一致。然后根据设计的要求进行植物配置，配置时要考虑透视原理、设计效果、植物色彩的变化、植物层次的搭配等，最终效果如图 20-32 所示。

图 20-31　　　　　　　　　　　　　　　　图 20-32

20.3.3 水体的处理

水体的处理包括水面的处理、倒影、喷泉的设置。

（1）水面的处理　水面处理考虑水面的具体情况，如水面大小、形状、波纹、光影变化、动静等，应用符合场景的水面图案设置效果。实例中水面为小水面、带喷泉，故选择如

图 20-33 所示的水面图案。运用本章 20.3.1 节植被处理的方法，水面图案进行定义、填充、透视处理、反向选择、删除，并将"不透明度"设置为"70%"后，其效果如图 20-34 所示。

图 20-33   图 20-34

（2）倒影　水面映射周边景物成为倒影，为表现场景的真实性，往往需要制作水面的倒影。根据反射规律，应用"矩形选择"工具将倒影到水中的场景拷贝，并用"自由变换"工具将其"倒"过来，如图 20-35 所示，设置其"不透明度"为"30"，并点击下拉菜单"滤镜"/"扭曲"/"海洋波纹"，设置倒影在水中的动感。最后删除非水面区域的内容，效果图如图 20-36 所示。

（3）喷泉　喷泉效果是应用喷泉图案模拟而成。打开素材库如图 20-37 所示的喷泉图案，根据设计进行高矮、前后的组合搭配，形成喷泉的效果，如图 20-38 所示。

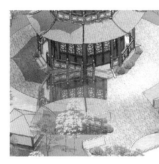

图 20-35   图 20-36   图 20-37

20.3.4　整体氛围的调整

各种素材插入并调整好后，进行整体氛围的调整，包括亮度、对比度、色调、虚实等方面的调整，调整前可将图层合并，也可逐个图层调整后进行合并。

光线与色调的调整可用"亮度/对比度""色彩平衡""色相/饱和度"等工具进行，虚实的调整则用"画笔"工具。新建一个图层，将背景色调整为白色，选择画笔工具，设置其笔触为"柔角"，直径为"480px"，不透明度为"50%"，流量为"50%"，在图像周边进行"喷绘"，形成类似雾状或鸟瞰的效果，使中心更为突出，如图 20-39 所示。

20.3.5　效果图的装裱

效果图的装裱可简单也可复杂，可以用固定的图框模板，也可自己制作。

（1）裁切图像大小　用"裁切"工具对图像大小进行调整，裁切掉空白区域。

（2）图框绘制　新建一个图层，命名为"图框"并设置在其他图层的顶层，用"矩形选择"工具选择图框范围，此时可用标尺辅助线参考定位，然后点击下拉菜单"编辑"/"描

图 20-38   图 20-39

边"，设置宽度为"15px"、颜色为"暗红"、位置为"居中"、模式为"正常"，确定后进行描边；最后选择描边意外的区域，用暗灰色进行填充，效果如图 20-40 所示。

（3）标题制作　在图像的左上角用"竖排文字"工具点击，写上题字内容或效果图名称，设置字体高度为"12"、颜色为"黑色"、字体为"楷书"，效果图如图 20-40 所示。

图 20-40

20.3.6　透视效果图制作要点

（1）树木阴影的制作　树木阴影制作应先拷贝一个图层，用"自由变换"工具将位于底层的树木"放倒"，图层"不透明度"设置为 30%，然后用"通道混合器"将其"常数"设为"−200%"及勾选"单色"，形成阴影。该阴影制作方法适合于任何素材的阴影制作。

（2）水体处理　水面效果应用水的纹理图案，形成"真实"效果，水面倒影是将位于水面上方的场景拷贝后，用"自由变换"工具将其"倒"过来，设置"不透明度"、"波纹"扭曲，具体数值以效果为准。

（3）描边　用"矩形选择框"选择图框范围，进行"描边"，这一工具可以在图像中"画"出任意图形，以弥补 Photoshop 软件画图功能不多的缺陷。

20.4　夜景效果图的制作

夜景主要表现夜间灯光布置的效果，包括图像夜晚氛围的营造、灯光布置、夜间环境光设置及整体效果调整等内容。

20.4.1　夜晚氛围的营造

制作夜景一般以白天的效果图为基础，将图像光线调暗、色调调整形成夜间的氛围。如图20-41为白天的效果图，使用"亮度/对比度"工具将亮度数值调为"−150"，不够暗的话还可利用该工具再次将其调至"−120"，并用"色彩平衡"工具将其"洋红"调至"−5"，使图像稍微有点夜晚的暗红效果，如图20-42所示。

图 20-41　　　　　　　　　　　　　　图 20-42

20.4.2　灯光布置

(1) 光源点布置　光源点布置主要指草坪灯、路灯、地灯等点式光源，其照射的范围主要是灯周边1~2m的范围。草坪灯、地灯用"减淡"工具在光源点位置持续减淡以形成灯光照亮范围；路灯用"椭圆选择"工具选择区域，用"亮度/对比度"工具将亮度调至"+70"，其效果如图20-43所示。

(2) 射灯效果设置　射灯主要照射建筑、墙体、树、雕塑、水体灯景观关键点，射灯有白色或彩色，其光线的制作可以用"直线选择"工具选择照射区域，选区由光源点开始做放射状，用"减淡"工具将其加亮，后用"画笔"工具喷上颜色，画笔的不透明度、流量均设置为50%，如图20-44为景墙旁的射灯制作效果，图20-45为环境射灯设置的效果。

图 20-43　　　　　　　　　　　　　　图 20-44

(3) 灯具的布置　灯具的素材包括草坪灯、庭院灯、路灯等，由素材库中调入，如图20-46所示为该图所用的草坪灯、射灯和路灯。灯具布置后效果如图20-47所示。

图 20-45   图 20-46

（4）灯光镜头效果 路灯的光线照射效果用"多边形套索"工具选择光源向下照射的放射区域，用"画笔工具"进行由浓到淡的填充，形成光线向下照射的效果，如图 20-48 所示。草坪灯的灯光镜头效果可以用"光束笔刷"（注：可网上下载，也可自己制作）制作。新建一个"光束"图层，用"多边形套索"工具制作光线放射状选区，后用白色或彩色进行填充，有中心向外逐渐减淡，成光晕效果；设置图层"不透明度"为 70％，高斯模糊半径为 5 像素；将镜头效果与灯结合，如图 20-49 所示。最后将镜头效果拷贝至其他草坪灯上，形成镜头光晕的整体效果。

图 20-47   图 20-48   图 20-49

20.4.3 夜间环境光设置

夜景效果图的灯光包括功能性照明（如路灯、草坪灯）、装饰性照明（如地灯、射灯）及环境光，环境光包括周边建筑窗子投射的光、周围环境反射的光、天空颜色映射的微光等各种光源。该图的环境光设置主要是周围环境的光照射到道路、广场地面、树及古建筑上，环境光可强、可弱，根据夜景效果进行适当设置，如图 20-50 为道路上的环境投射光的效果，图 20-51 为广场地面、旱河上，光线漫反射的效果，图 20-52 为古建筑屋顶上环境光映射的效果，其制作方法都是用"多边形套索"工具选择后，再用"减淡"工具调亮，最后用"画笔"工具添加不同的颜色，色彩由浓到淡并逐渐消失。

20.4.4 整体效果调整

灯光效果全部设置完成后，将图层合并，用"色相/饱和度""色彩平衡""色阶"等工具进行氛围的整体效果调整，如图 20-53 所示。

20.4.5 夜景效果图制作要点

（1）光源的制作 光源的制作先用"多边形套索"工具选择光源发射区域，选择"减

图 20-50 图 20-51 图 20-52

图 20-53

淡"工具将其调亮,最后用"画笔"工具添加光的颜色。

(2)镜头效果的制作 镜头效果主要是模拟星光镜的发射效果,新建图层,用"多边形套索"工具制作发射区域,选择"画笔"工具进行由浓到淡的填充,最后用滤镜工具使其模糊和感觉刺眼,与灯具结合起来,形成夜景灯光闪烁的效果。

第四篇　Lumion 软件与动画制作及 Premiere 软件与视频合成

21　Lumion 软件与动画制作

21.1　Lumion 软件简介

Lumion 软件是荷兰 Act-3D 公司开发的 3D 可视化工具，其强大逼真的动植物素材库、即时的光影效果、丰富的预制场景、简单的游戏化操作界面，能够快速输出高质量的静帧效果图和漫游动画等强大的功能，颠覆了设计师对绘图软件的认知和体验。自 2010 年推出 Lumion 1.0 以来，已更新至 Lumion 10.5 版本。本书以相对稳定和成熟的 Lumion pro 8 版本为主进行讲解。

Lumion 软件能与传统 3D 软件（如 Sketch Up、3D studio Max、Maya 等）创建的模型结合，可直接将 3D 模型导入软件中，进行材质替换或处理，置入二维或三维、静态或动态的素材，模拟天光云影的变化，制作静态效果图或录制漫游动画，并即时输出，有效弥补了 Sketch Up 软件后期动画功能不强，以及 Photoshop 软件在处理静态效果时光影变化有限的制约，是目前设计表现后期处理最重要的软件之一。

21.2　Lumion 软件的界面

21.2.1　Lumion 场景设置界面

启动 Lumion 软件后，进入场景设置界面，如图 21-1 所示，界面正中第一栏为"更改语言"；正中画面由"开始场景""输入范例""输入场景"3 个面板等组成，下面是"新闻及教程"，正中画面下是"电脑速度"；右下角为"更改设置"。

（1）开始面板　点击"开始"面板，包括 6 个预设场景：平原模式（白天、黄昏、夜晚）、群山模式、山水模式（春天）、白板模式，如图 21-1 所示。

（2）输入范例　点击"输入范例"面板，如图 21-2 所示，软件提供了 9 个优秀的案例：别墅建筑（5 个）、工厂建筑、办公建筑、庭院景观、室内设计等，可以学习借鉴。

（3）输入场景　点击"输入场景"面板，如图 21-3 所示，"输入场景"，可输入想要打开的文件，或打开"最近的场景"下面的文件。

（4）更改设置　点击右下角"更改设置"按钮，可以对"编辑器品质"（1~4 星）、"编辑器分辨率"（25%~100%）、"单位设置"（m、ft）进行设置，并可查看"许可证"状态。

21.2.2　Lumion 场景操作界面

点击"开始"面板，在 6 个预设场景中，选择第 1 个模式"白天平原"，进入 Lumion 软件的场景操作界面，如图 21-4 所示。界面左上角为"图层"栏，左下角为"场景制作"栏，

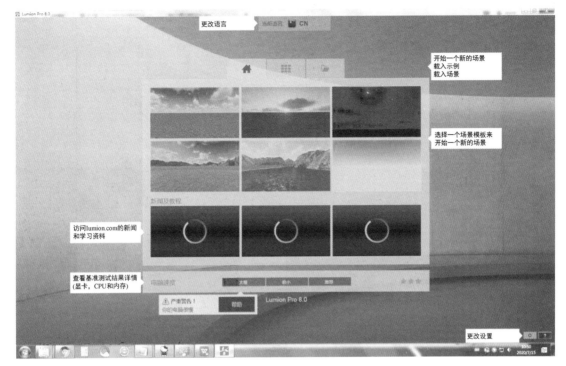

图 21-1

图 21-2

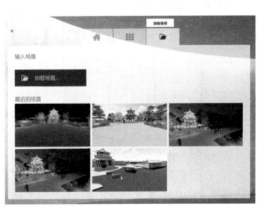

图 21-3

右下角是"成果控制"栏,右侧为"视频操作快捷键"栏,右上角为"电脑运行状态"图标,界面中间为"相机目标"框、模型"坐标"点。其他信息为点击屏幕右下角"帮助"图标██后显示出来的帮助信息。

(1)图层栏 在"场景制作栏"中"物体"模式下,界面左上角显示图层信息,如图21-5所示。包括"图层1""图层2"……,点击右边"+"按钮,还可继续增加,图层可以"显示/隐藏",图层下的██图标,为所选物体的层。可以根据物体的属性,将物体置于不同的层,如场景模型在"图层1"、植物模型在"图层2"、灯光模型在"图层3"等,利用图层"显示/隐藏"来管理场景内容,可提高计算机的计算速度。

(2)场景制作栏 左下角的场景制作栏,包括左侧悬浮的4个场景制作按钮(天气██、

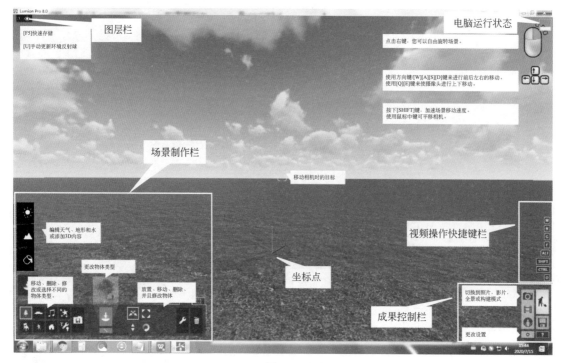

图 21-4

图 21-5

景观 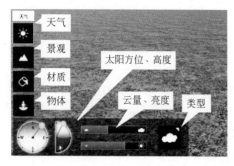、材质 ⚙、物体 ⬇），如图 21-6 所示。点击"天气"场景时，左下角菜单显示："太阳方位""太阳高度""云量""亮度""云彩类型"等相关信息，可以根据效果需要，对各参数进行调整；点击"景观"场景，如图 21-7 所示，左下角菜单显示："景观类型"（包括地形、水体、海洋、笔触/描绘、开放式街景地图、草等）、"参数设置"（注：不同景观类型其设置不一样，图 21-7 显示的是地形参数）、"笔触大小""地形图输入与保存""取消"；点击"材质"场景，模型中选择物体，即可弹出"材质库"，赋予物体材质；点击"物体"场景，如图 21-4 所示，左下角为 8 种模型素材（包括"自然""交通工具""声音""特效""室内""人和动物""室外""灯光和特殊物体"），中间为"导入"外部素材"放置物体""物体调整"（包括"移动""缩放""高度""旋转"），最右边为选择工具（"点选""框选"）。

图 21-6

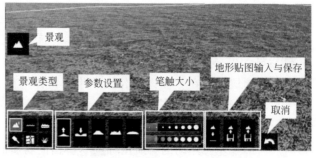

图 21-7

21.3 Sketch Up 模型的导入

在 Sketch Up 软件中，将模型导出为 3D 模型的文件 *.dae 格式，导出时会弹出"导出选项"面板，勾选"将所有的平面分成三角形""保持组件层次结构""导出材质贴图"3 个选项，导出的文件名尽量避免使用中文名，而使用数字、字母或英文，以免不兼容，如将凤龙山生命艺术园的模型存为"21-8.dae"文件。

（1）模型导入 在 Lumion 软件中，新建场景文件，点击左下角"导入" ，再点"导入新模型" ，找到"21-8.dae"文件并打开，在 Lumion 窗口中出现白色箭头和一个线框，箭头随鼠标移动，线框大小为模型的边线，在想放的位置点下鼠标左键，即可导入模型。若导入模型失败或导入时间过长而死机，可能是原有模型文件过大、材质尺寸过大或格式不合适，需要在 Sketch Up 软件中，将模型拆分，分批导入，或将原模型中不需要的模型、材质删除，尽量缩小模型后重新导入，如图 21-8 所示。

图 21-8

（2）模型更新 导入模型后，要查看主要模型的材质或面是否完整，若反面过多或材质尺寸过大，则需在 Sketch Up 软件中，对模型进行调整或完善，存盘后在 Lumion 软件中点击更新 ，即可更新为调整后的模型。

21.4 材质编辑

点击屏幕左边浮动的材质图标 ，弹出的材质面板包括"自然""室内""室外""自定义""收藏夹"等选项卡，如图 21-9 所示，

（1）自然材质 包括"草丛""岩石""土壤""水""森林地带""落叶""陈旧"等材质，

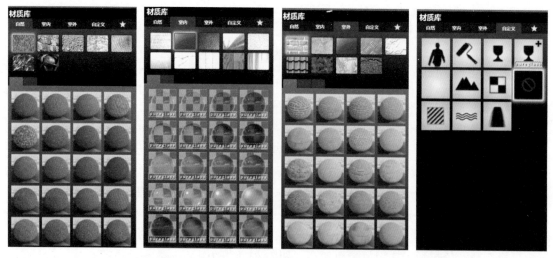

图 21-9

每一个材质下面又有很多不同细节的具体材质。点击材质后，即可将其附着到模型上，双击材质可进入"材质"参数设置面板，如图 21-10 所示。点击"森林地带"/"woodchips 003"材质（木屑 003），贴到右上角的草地中，在"材质"面板中，可对其颜色、法线、着色、光泽、反射率、缩放、位置、方向、透明度、设置、风化、叶子等参数进行调整，效果如图 21-10 所示。不同材质，其调整的参数会有所不同，在材质贴图放大图中，可直观地看到其效果及差异。

（2）室内材质 包括"布""玻璃""皮革""金属""石膏""塑料""石头""瓷砖""木材""窗帘"等，具体内容可点击模型后，一一赋予材质，看其效果，如图 21-9 所示。

（3）室外材质 包括"砖""混凝土""玻璃""金属""石膏""屋顶""石头""木材""沥青"等材质，如图 21-9 所示。

（4）自定义 包括"广告牌""颜色""玻璃""纯净玻璃""无形""景观""已导入材质""标准""水""瀑布"等内容，自定义材质，材质参数的调整空间较大，如图 21-11 所示，为"瀑布"的材质面板，可对属性（波高、波率、聚焦比例、反射率、泡沫）、RGB（三颜色）进行设置。

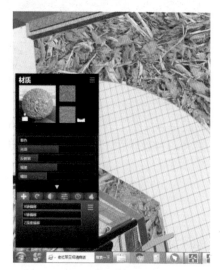

图 21-10

图 21-11

图 21-12

（5）收藏夹　模型中的材质，可以点击"添加"工具，将材质保存在"收藏夹"中，便于寻找调整或再次赋予其他模型。

在 Lumion 软件中，一般室外景观重点调整 5 类材质：草地、水面、地面、墙面、屋顶等。如图 21-8 中的场景，对草地、水面、地面和屋顶的材质进行适当调整或替代，以符合效果的需要。

21.5　素材库及其置入

素材是 Lumion 软件中最具特色的内容之一，素材库丰富，有三维或二维的素材，能像现实中一样，直接将素材放置到模型中，调整大小、位置、色彩后，可输出单帧效果图或动画，提高了设计表现的效率。

21.5.1　素材库

点击左边悬浮菜单"物体"工具 ，左下角出现素材类型块，如图 21-13 所示，包括"自然" 、"交通工具" 、"声音" 、"特效" 、"室内" 、"角色"（人和动物） 、"室外" 、"光源和工具库" 等。

图 21-13

（1）自然库

自然库主要是各类植物素材，包括：小叶树（238株）、中叶树（266株）、大叶树（170株）、针叶树（137株）、棕榈科植物（70株）、草丛（58丛/株）、灌木类植物（176丛/株）、花卉（284株）、仙人掌（3株）、岩石（53座/个）、树丛（35丛）、叶子（36块/片）等，完全满足一般景观设计的需要，如图 21-14 所示。

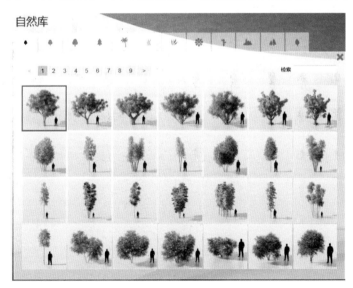
图 21-14

（2）交通工具库

交通工具库，包括：船（14艘）、公共汽车（5辆）、汽车（35辆）、施工车辆（12辆）、跑车（9辆）、越野车（7辆）、卡车（21辆）、客货车（5辆）、飞行器（飞机6辆、热气球6个）、其他车（24辆）、火车（25辆）、紧急救援车（9辆），如图 21-15 所示。

图 21-15   图 21-16

（3）声音库

声音库包括：地点声音（如机场、咖啡厅、停车场、高校等不同地点、不同国家的声音共 65 种）、自然声音（如海滩、森林、鸟鸣、湖泊、下雨等 19 种声音）、事件声音（如推土机、货车、教堂、火苗声、旗帜声、摩托艇等 27 种声音）、人群声音（如看球赛、拍掌声、不同国家中青年人群的声音等 8 种声音），点击声音素材，放置在适当位置，即可在动画中发出声音。如图 21-16 所示。

（4）特效库

特效库包括喷泉（48 种）、火焰（16 种）、烟雾（20 种）、雾气（17 种）、落叶（3 种），如图 21-17 所示。

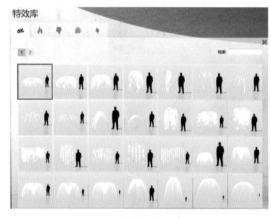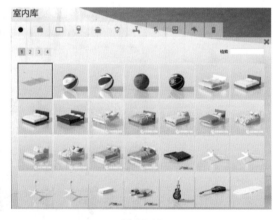

图 21-17   图 21-18

（5）室内库

室内库素材包括：杂类、装饰、电子或电气产品、食品和饮料、厨房、照明、卫浴、座椅、储藏、桌子、设备/工具等，具体内容可以点击图标后查看，如图 21-18 所示。

（6）角色库

角色库主要是人和动物，包括：3D 男人（130 人）、3D 女人（100 人）、3D 男孩（19人）、3D 女孩（17 人）、3D 女人（100 人）、宠物（猫、狗）、鸟类（13 只）、牲畜（11 头/匹）、海洋生物（7 种）、2D 人物（84 人）、3D 人物剪影（56 人）、2D 人物剪影（84 人）、3D 动物剪影（32 种）等，如图 21-19 所示。

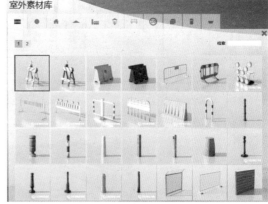

图 21-19   图 21-20

（7）室外库

室外库包括：通道相关设施（45件/个）、杂类（各种相关内容123件）、建筑（78栋）、施工设施或内容（5种/件）、工业类型（10种）、照明（22杆/盏）、家具（123件）、交通标志（不同国家的标志工354个）、储藏（21件）、设备/工具（53件）、垃圾相关设施（43件）。如图21-20所示。

（8）光源和工具库

光源和工具库，包括聚光灯（30种）、点光源（5种）、区域光源（2种）、设备与工具（5个）。如图21-21所示。

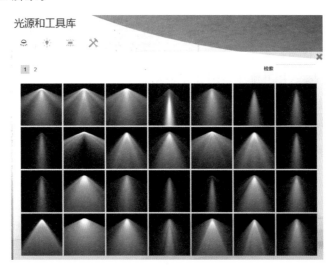

图 21-21

素材库的资源在不断更新中，以上仅为Lumion pro 8版本中内嵌的主要内容，随着软件不断的升级换代、扩展资源程序的开发、软件兼容性的增强等，将会有越来越多的素材出现。

21.5.2 素材置入及管理

素材置入，点击物体类型"自然"/"选择物体"/"中叶-树"/"AlmondTree-XL2-RT"，在模型右下角放置植物，如图21-22所示，植物在选中的状态下，周边出现

图 21-22

绿色淡蓝色范围框，坐标位置显示物体属性；右下角位置有植物的小图及植物名称，下面的"透明度"参数条可以用鼠标拉动，调整其透明度；右上角出现植物属性，可以对绿色的"色调""饱和度""区域范围"的值进行调整，其变化可直观地在屏幕上显示出来。

（1）素材操作　选中素材，用左下角的移动工具![icon]，可以沿轴（X、Y）进行平移，放置在理想的位置，在移动过程中按住 Alt 键可以拷贝素材；用缩放工具![icon]，对素材的大小按比例（%）进行缩放；用升降工具![icon]沿 Z 轴调整上、下的位置，用旋转工具![icon]绕轴（X、Y、Z）旋转方向，用删除工具![icon]删除模型等。

提示：在 Lumion 软件中，选择素材时，只能选择"物体类型"模式下的素材，如在"自然"物体类型下，只能选择"自然"类的植物、花卉、岩石等内容，而不能选择"交通工具"类的素材，要选择某个交通工具，要先点击"交通工具"物体类型，在此模式下才能进行选择。

（2）素材关联操作　在选择模式下，点击"关联菜单"工具![icon]，再选择素材，屏幕变暗并显示"选择""变换"两个选项，点击"选择"，内容如图 21-23 所示，包括："选择类别中的所有对象""库""选择相同的对象""选择""取消选择""取消所有选择""删除选定"等内容，若"选择类别中的所有对象"，即将模型的所有的植物都选中，若"选择相同的对象"，则只选择该植物的复制对象。

点击"变换"，内容如图 21-24 所示，包括："重置大小旋转""随机选择""XZ 空间""对齐""地面上放置""相同高度""相同旋转""锁定位置"等内容，若选择"重置大小旋转"，物体会恢复到原有大小及方向；若选择"地面上放置"，悬浮在空中的植物将落到地面上；"对齐""相同高度""相同旋转"等内容，需选择 2 个或 2 个以上的内容才能进行操作。

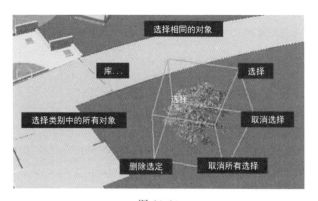

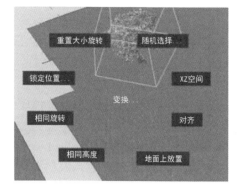

图 21-23   图 21-24

（3）素材的管理   随着景观制作的需要，各种素材的置入会越来越多，因此需要对素材进行有效管理。素材的管理跟其他软件类似，通过"图层"进行。一般在新建文件时，有默认图层1，导入的模型在图层1上，后面各类素材的图层可以统一先建，如图21-25所示，点击图层后面"添加层"工具 **+**，可以增加图层2、3、4、5……，点击图层数字，如点击"5"，则图层5变为当前层 **5 ◉**；图层可以进行命名，可用物体类型进行命名，如植物、汽车、人、喷泉、灯光等，用中英文均可；导入素材时，先将不同类型的图层设为当前图层，所有置入的素材都默认放在当前图层下。也可先导入素材，再建图层，选择单个物体或同类物体，点击当前图层下面的"所选物体在此层内"图标 **◉**，则可将物体放在此图层上。总之，先建图层或先导入素材，可以根据个人习惯进行，只要能有效管理和操作即可。

图 21-25

设置好图层后，根据效果需要，逐渐将植物、花卉、喷泉、人物、灯光等素材置入模型，调整疏密、大小、色彩，最终效果如 21-25 所示。

21.6　场景制作

场景，是在模型中某个角度拍取的效果，以展示项目中要表达的主要信息，根据角度可分为鸟瞰图、两点透视图、一点透视图、立面图、总平面图等，可通过调整相机的角度获取；根据时间及光线不同，可分为晨景、日景、夕景、夜景等，可通过调整时间、太阳高度角、太阳亮度、灯光、天光云影等得到。

21.6.1　场景角度调整

点击屏幕右下角"拍照模式"图标 📷，进入图 21-26 所示的屏幕，里面为调整好角度的几个场景，若要重新调整视角或新建场景，只需在视频窗口中，用鼠标滚动键（平移镜头）、右键（控制镜头方向），键盘 QE（上下平移镜头）、WSAD（前进、后退、左移、右移），窗口下方有"焦距（毫米）"，拉到滚动条，焦距发生变化，景深效果不同。视角调整好后，点击"保存相机视口"图标 📷，可将视口保存在照片列表中，点击视口，可以"还原相机视口"，双击视口上的"删除"图标 🗑，可以删除视口。

图 21-26

21.6.2　场景时间调整

（1）日景　正常情况下，模型制作都是在日景模式下完成，点击屏幕右下角"编辑模式"图标 🏃，进入编辑窗口。点击右边悬浮的"天气"图标 ☀，左下角弹出"太阳方位""太阳高度""云量""光亮""云彩类型"等面板及参数，如图 21-27 左下角所示。对以上参数进行适当调整，返回到"拍照模式"，即可在视口中看到太阳高度、阴影、明暗等细节的变化，如图 21-28 所示。

（2）夜景　在"编辑模式"下，将太阳高度调整到夜晚，选择"灯光和特殊物质"类型，在草地、水景中放置"light fill"（点光源）照亮环境；大树、亭子外放置"lamp"（聚

图 21-27

图 21-28

光灯）从正面照亮轮廓；亭子内部放置 "lamp"（聚光灯），并调整照射的锥角和高度，使之能照亮亭子内部空间；亭子外檐口处放置 "line light"（区域光源），照亮檐口、起翘及宝顶，如图 21-29 所示。点击 "关联菜单" / "选择" / "选择类别中的所有对象"，可以看出灯光的位置及类型，选择一个灯光，可以在右上角调整 "光源属性"，包括："颜色""亮度""显示光源""宽度""长度""减弱"等参数，不同灯光，参数略有不同。

图 21-29

21.6.3 场景输出

（1）风格设置　场景的角度、时间调好后，返回到 "拍照模式"，如图 21-26 所示，屏幕左边有 "自定义风格" 面板，可以对场景效果进一步微调，点击进入，出现如图 21-30 所示的内容，除 "自定义风格" 外，其他风格包括："真实""室内""黎明""日光效果""夜晚""阴沉""颜色素描""水彩"等 8 种风格，选择 8 种风格中的某一效果后，相关参数会自动设置。

选择 "自定义风格"，下面有 "添加效果" 图标 FX，点击进入，里面有丰富的效果设置，如图 21-31 所示。包括："光与影""相机""场景与动画""天气与气候""草图""颜色""各种"（综合效果）等内容，为了模拟某种效果，可以进行一一设置，观察其效果，如图 21-32 为选择 "自定义风格" / "水彩" 的夜景效果图。

图 21-30

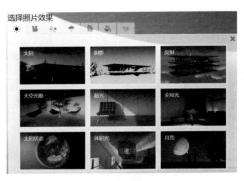

图 21-31

图 21-32

图 21-33

（2）输出　场景的角度、时间、风格调整好后，点击"拍照模式"右下角的"渲染照片"图标，弹出图 21-33 所示的"渲染照片"界面，包括"当前拍摄"（单张）、"照片集"（所有照片）、"My Lumion"（上传云盘），界面下面是"渲染当前的拍照"质量设置："邮件"（1280×720）、"桌面"（1920×1080）、"印刷"（3840×2160）、"海报"（7680×4320）等。简单看一下效果，可用"邮件""桌面"，渲染的样本数为 16，渲染时间短；细节要求较高可用"印刷"，渲染的样本数为 64，时间相对较长；最大质量用"海报"，渲染样本数为 256，时间最长。可根据具体需要，选择渲染质量，点击后系统弹出文件浏览窗口，设置图片保存路径，点击"保存"即可。

提示：在目前 Lumion 软件的部分版本中，保存文件时，文件名尽量用数字或字母；保存位置尽量放在桌面或盘的一级根目录下；保存目录中不要有中文名称的文件夹，否则会出现不兼容，找不到渲染文件的后果。

21.7　动画制作及输出

动画的制作和输出，是 Lumion 软件能够迅速普及的关键。模型场景制作好后，通过静帧照片或各场景视频短片，快速合成一段动画，提高了设计表现的效率和效果。

21.7.1　动画制作

动画制作，点击屏幕右下角"动画模式"图标，进入动画模式，如图 21-34 所示，包括"场景片段类型"（"录制""来自图像""来自影片"）、"整个动画""动画片段窗口"等内容。点击"录制"，进入如图 21-35 所示的动画录制屏幕，在动画开头点击"拍摄照片"

图标![camera icon]，利用视频操作工具，从入口开始，模拟参考路线前进和观看，在关键点停留并拍照，形成系列的关键帧窗口，罗列在视口下方。

图 21-34   图 21-35

点击左下角"播放"图标![play icon]，可以预览动画效果。在"播放"键上面有"播放时长"图标![icon]，可以根据需要缩短时长，加快播放速度，也可延长时长，放慢播放速度。

在预览窗口左边，可以设置视线高度，标准身高（1.6m）![icon]或自定义视线水平高度![icon]，通过调整上下图标![up/down icon]，调整相机的高度。视频调整好后，按屏幕右下角的"返回"图标![check icon]，返回到"动画模式"，如图 21-36 所示。

图 21-36

在"动画片段窗口"上方，左边有"编辑片段"图标![pencil icon]，点击后返回视频片段编辑窗口，进行重新编辑，中间有"渲染片段"图标![icon]，可以对片段进行渲染，右边有"删除"图标![trash icon]，双击图标，可以删除片段视频。

在"动画模式"屏幕左上角，有"自定义风格"，具体内容与图 21-30、图 21-31 一致，不同的风格设置，可以对动画效果产生不同的影响。

21.7.2　动画输出

视频片段编辑结束后，点击"整个动画"图标![icon]，进入渲染视窗，如图 21-37 所示。点击右下角"渲染影片"图标![icon]，弹出如图 21-38 所示"渲染影片"格式设置，包括"整个动画""当前拍摄"（图像文件）、"图像序列"（渲染成单帧照片系列）、"My Lumion"（云盘存储），在"整个动画"选项下，有"输出品质"（1~5 星），"每秒帧数"（25、30、60、200），"将整个影片渲染为 MP4 视频文件"，分辨率有："小"（640×360）、"高清"（1280×720）、"全高清"（1920×1080）、"四倍高清"（2560×1440）、"超高清"（3840×2160）等。

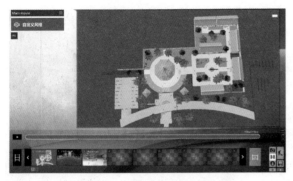
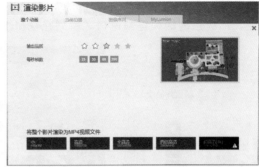

图 21-37   图 21-38

　　一般动画渲染选择品质 3 星、每秒 30 帧、"小"或"高清"分辨率即可，要求较高的动画选择品质 4 星、每秒 60 帧、"高清"或"全高清"分辨率，要求很高的动画选择品质 5 星、每秒 200 帧、"四倍高清"或"超高清"分辨率。渲染品质越高、分辨率要求越高，对电脑硬件的要求也越高，如本电脑"超高清"后面就有"警告"符号 ⚠，鼠标悬浮在上面，则显示"渲染超高清（4k）不可用"，下面有："警告：你的显卡内存少于 6GB，无法渲染高清（4k）视频。"的字样。

　　设置好相关内容后，点击某一输出分辨率，即可起名及存储，保存文件的要求与图像输出一致，要注意格式的兼容性，否则会无法输出或找不到输出文件。

22 Premiere 软件与视频合成

22.1 Premiere 软件简介

Premiere 是 Adobe 公司出品的一款用于视频后期编辑的软件，在数字视频领域、影视节目、广告制作中，普及程度较高。Premiere 软件提供了素材采集、剪辑、调色、美化音频、字幕添加、输出、DVD 刻录等视频后期制作的整套流程，并和其他 Adobe 软件高效集成，完全满足视频后期制作的所有需求。经过多次的升级与更新，目前最新的版本为 Adobe Premiere pro cc 2018。

22.2 基本操作界面

Premiere 的默认操作界面主要分为"项目窗口""监视器窗口（素材源、节目）""时间线窗口"和"工具箱"4 个主要部分，如图 22-1 所示。

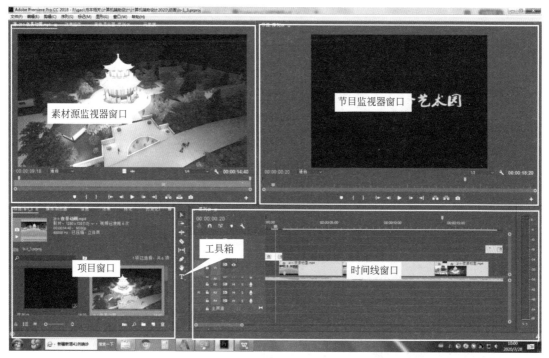

图 22-1

（1）项目窗口 "项目窗口"主要用于导入、存放、管理要编辑的素材。编辑视频所用的全部素材，应事先存放于项目窗口内，以便调用。项目窗口的素材可用列表和图标两种视图方式显示，包括素材的缩略图、名称、格式、出入点等信息。素材较多时，可为素材进行分类管理（如音频、视频、图片等），使之更清晰。点击"文件→导入"，或用"Ctrl＋I"，将素材导入 Premiere 中，完成编辑前的准备工作。

（2）监视器窗口 "监视器窗口"分左右两个视窗（监视器），左侧是"素材源"监视窗口，主要用于预览或剪裁项目窗口中选中的某一原始素材；右侧是"节目"监视窗口，主要用于预览"时间线窗口"序列中已经编辑好的素材（影片），也是最终输出视频效果的预览窗口。

（3）时间线窗口 "时间线窗口"以轨道的方式实现视频、音频素材的拼接、插入、连接等编辑。将项目窗口中的素材拖到相应的轨道上，按照播放时间的顺序及合成的先后顺序，在时间线上从左至右、由上至下排列在各自的轨道上，以时间为线索，达到将素材拼接在一起播放的效果。

"时间线窗口"分为上下两个区域，上方为时间显示区，下方为轨道区。在"时间线窗口"内，可以使用左边工具箱的各种编辑工具，对这些素材进行编辑操作，如素材的割断、插入、删除、过渡等，是素材编辑的主要阵地。

（4）工具箱 工具箱工具包括选择工具（素材、轨道）、素材的编辑过渡工具（波纹、滚动、速率、剃刀、错落、滑动、钢笔等）、轨道操作工具（手形、缩放）。

22.3 新建项目

22.3.1 项目属性设置

启动软件后，开始界面有"最近使用项""新建项目""打开项目""新建团队项目""打开团队项目"等项，点击"新建项目"，弹出"新建项目"对话框，用户需要预先为项目的

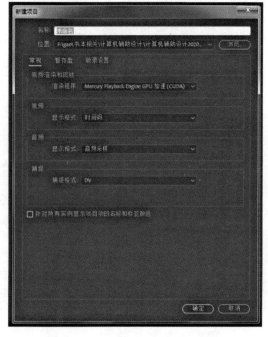

图 22-2

属性进行设置，包括文件名称、存储的位置、常规模式设置（视频渲染和回放、视频、音频、捕捉）、暂存盘位置、收录设置等，如图 22-2 所示。在没有特殊需求的情况下，以预设值为准。

22.3.2 项目序列设置

新建项目后，需要对项目内各种素材（视频、音频、图片等）的模式、顺序、轨道等进行设置，在 Premiere 软件中称为"序列"。点击"文件"/"新建"/"序列"，弹出"新建序列"，如图 22-3 所示，包括"序列预设""设置""轨道""VR 视频"4 个选项。

对于一般的项目视频，用软件的预设值：DV-PAL 视频、标准 48kHz（16 位）音频、视频 3 轨道、音频 3 轨道等。

图 22-3

22.4 素材导入

选择"窗口"/"工作区"/"编辑"界面，点击"文件"/"导入"，或键盘输入"Ctrl+I"，或在左下角的"项目窗口"中点击"媒体浏览器"，即可导入各种素材：视频片段、音频片段、图像等，如图 22-4 所示，这些素材应提前准备好，并归类分在不同文件夹中，便于导入。

素材导入后，可以直接将其拉到右边的"时间线窗口"中，视频文件放到"视频轨道"，音频文件放到"音频轨道"上。若在 Lumion 动画渲染时插入过声音，视频拉到"时间线窗口"的 V3"视频轨道"时，音频会自动添加到 A3"音频轨道"，如图 22-5 所示。

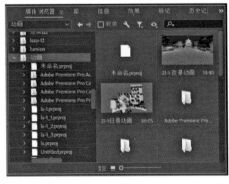

图 22-4

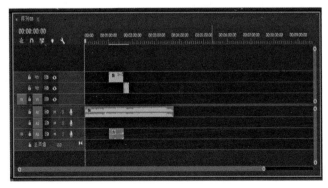

图 22-5

22.5 字幕制作

在视频文件中，一般都需要字幕，如片头的项目名称、片中的场景提示或名称、片尾的设计单位、人员、时间等必要信息。在 Premiere 软件中，可以用字幕设计窗口，制作出各种常用类型的字幕，既有普通的文本字幕，也有简单的图形字幕。

图 22-6

在菜单栏中，点击"文件"/"新建"/"字幕"，或快捷键 Ctrl＋T，会弹出新建字幕窗口，如图 22-6 所示，"标准"选择"开放式字幕"，"视频设置""像素长宽比"选预设值。按"确定"后弹出如图 22-7 所示的字幕编辑界面。左下角"项目窗口"变为"字幕"选项卡，在文字输入框内输入"凤龙山生命艺术园"，文字框上面有"字体""大小""位置""颜色"等相关属性的设置，在"素材源监视窗口"中可以看到效果；文字框左边有视频插入点的设置，入点时间、出点时间，两者间的间距是视频时长。系统默认的字幕播放时间长度为 3 秒，可用通过改变其长度来调整播放时长。设置完，可以直接将字幕拉到右边"时间线窗口"的 V1 视频轨道上，并放在开始的位置，如图 22-7 所示。

图 22-7

点击"文件"/"新建"/"旧版标题"，字幕格式设置后，弹出旧版的标题字幕设置窗口，如图 22-8 所示，中间为文字框，左边是文字、图形输入，左下角是布局设置（对齐、中心、分布），下面是"文字样式（效果）"设置，上面有"背景视频时间码"（时长）的设置，右边为文字的各种属性设置，与新版字幕的设置基本一致。同理，在字幕框内输入"设计单位：云南艺术学院 2020.7"字样，将其排版，拉到右边"时间线窗口"的 V1 视频轨道上，放在结尾的位置，如图 22-7 所示，保存为"片头片尾"文件备用。

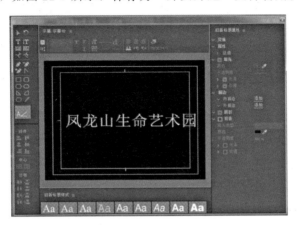

图 22-8

22.6 视频编辑

视频编辑是视频合成的关键环节。所有视频素材，都需在"时间线窗口"的视频轨道上完成出场顺序、转场过渡、视频时长调整、视频剪切等相关操作。

点击下拉菜单"新建"/"项目"，命名为"视频编辑"的文件，在"项目窗口"中导入"日景动画""夜景动画""片头片尾"3 个文件。在导入文件过程中，会弹出"导入项目"对话框，如图 22-9 所示，选择"导入所选序列"，"片头片尾"文件中的序列会自动置入，如图 22-10所示。

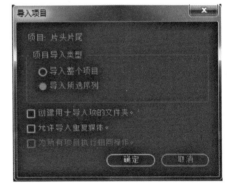

图 22-9

将"日景动画"素材拉入"时间线窗口"V2视频轨道、"夜景动画"素材拉入 V3 视频轨道，原来的"片头片尾"在 V1 视频轨道上，如图22-10 所示。视频素材按原来的时长，在时间线上表现出来，若原有配音，也会自动置入音频轨道中。

22.6.1 视频素材整理

根据视频播放的顺序，对视频素材在轨道上进行初步整理、编辑，用"时间线窗口"左边工具箱，选择素材进行调整，包括视频顺序、片段之间的衔接、轨道上内容之间的覆盖情况等。

（1）视频顺序　根据预设的视频效果，将各种视频素材，按顺序放置在轨道上，形成初步效果，如图 22-11 所示，"片尾"素材位于"日景动画"素材下方的位置，可用左边工具箱"内滑工具"将其拉至"夜景动画"素材的末尾，形成初步的播放序列。如图 22-12。

图 22-10

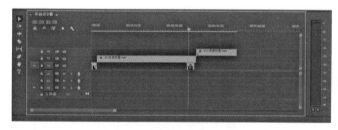

图 22-11

图 22-12

（2）视频的时长及间距　视频的时长，如图 22-11 中"日景动画"，可能很长，可以单击视频，在"节目监视器窗口"中观看其效果，对时间冗长、意义不大的片段，可以用"剃刀工具"🔲 将视频分节，如图 22-13 所示，在 27 秒处、32 秒处将视频截断，分成了 3 段。用"选择工具"▶ 可以选中各个片段，进行删除、滑动、移动等操作。

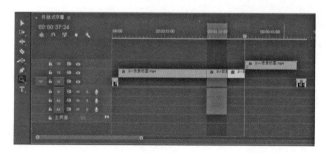

图 22-13

视频剪辑时，经常会在视频之间留出几秒的空隙，此时可用鼠标左键选中空隙处，点击右键出现"波纹删除",将其删除,则该轨道上的所有视频片段会整体前移。在素材拼接时,素材之间也会有"沾滞"功能,使视频片段首尾紧密相接,播放不留空白。

22.6.2 视频特效编辑

视频特效是视频开头、结尾、视频片段之间转接过渡的效果,Premiere 软件中有很多的视频特效、视频间的过渡特效,适当使用视频特效,可以使视频效果丰富、转场过渡自然,但不宜过多使用,以免喧宾夺主。

在"项目窗口"内有"效果"选项卡,点击"效果",窗口内容有"预设""Lumetri 预设""音频效果""音频过滤""视频效果""视频过滤"等文件夹,如图 22-14 所示。效果分两种类型,一种是对整个素材片段起影响的效果,如"Lumetri预设""音频效果""视频效果"等;另一种是对素材片段与片段之间过渡的效果,如"预设""音频过滤""视频过滤"等,如选择"视频效果"/"风格化"/"马赛克",将其拉到视频中的某个片段,则整个片段所展现的都是模糊的马赛克视频。点击"视频过滤"/"滑动"/"滑动",将"滑动"效果拉到"片头"视频片段末,片头结束则逐渐滑动至"日景动画"视频;点击"视频过滤"/"擦除"/"插入",将"插入"效果拉到"日景动画"视频的开头,则视频从左上角逐渐插

图 22-14

入右下角,形成过渡效果,如图 22-15 所示。其他效果工具也可在视频或视频片段之间进行设置,并用"播放"查看其效果。

图 22-15

用"选择工具"单击视频片段，赋予的"效果"将在"素材源监视窗口"的"效果控件"中罗列出来，如图22-15所示，可以在此对"效果"的相关参数进一步设置。

22.7 音频编辑

视频素材合成、编辑完成后，可以插入音频素材，音频包括背景音乐、讲解配音、对话等。将图22-15的"视频编辑"文件，另存为"音频编辑"文件。在"项目窗口"中，导入"轻音乐"素材，并将其拉入"时间线窗口"中的"A1"音频轨道，如图22-16所示，可以发现，音频文件插入后，其时长自动匹配到时间线上，且音频时长远大于视频时长，音频的效果也不一定是预想中的效果，因此，音频编辑主要包括音频的剪切、合成、时长的匹配、特效控制等。

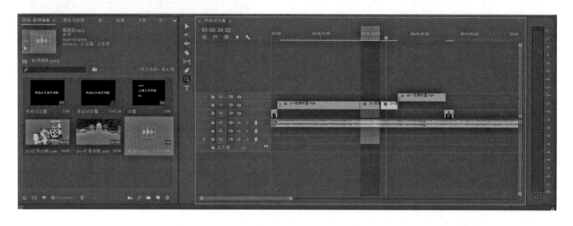

图 22-16

（1）音频剪切　用"选择工具" ▶ 单击"轻音乐"素材，在"素材源监视窗口"中聆听音乐的效果。在"时间线窗口"中，根据音乐效果，在56秒处，用"剃刀"工具 ◆ 将其截断，因原视频文件时长为55秒，因此，在"轻音乐"时长1分51秒处再次将其截断，原有3分多长的音乐变为3段，将前后两段删除，中间的一段留下备用。

（2）音频合成与特效控制　用"选择工具" ▶ 选择留下来的中间段，直接拖动至视频文件的起点，若片尾与音频的时长有出入，还可以用"剃刀"工具 ◆ 将多余部分截断并删除。若需其他音乐片段补充，可用同样的方法将音频素材导入，用剃刀工具剪切需要的部分，并拉到需要放置的位置。

音频效果包括音频整体效果或音频片段间过渡效果控制，其方法与视频效果类似，在"项目窗口"中，选择"效果"/"音频过渡"/"指数淡化"，将"指数淡化"效果拉到音频文件的开头、结尾，让音乐淡入、淡出，形成一定的过渡效果，避免音乐的突兀而出或戛然而止，如图22-17所示，在"素材源监视器窗口"的"效果控件"中，可以对效果的时长进行调整，在"音频剪辑混合器"中，可以对音频的音量高低、轨道混音、左右声道平衡等参数进行设置。

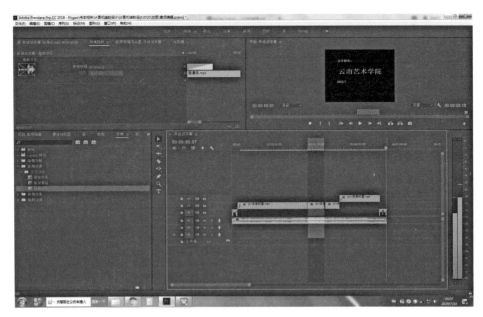

图 22-17

22.8　视频输出

点击菜单栏的"文件"／"导出"／"媒体"，会出现"导出设置"窗口，如 22-18 所示，有"源""输出"两个选项卡。

图 22-18

（1）源 可以对视频源进行剪切，"源范围"进行设置（整个序列、序列切入/切出、工作区域、自定义）、显示比例、长宽比校正等内容，除有特殊需求，一般可以不用更改其预设值。

（2）输出 输出，主要是视频格式的设置，包括"导出设置""效果、视频、音频、字幕、发布"格式设置、其他设置勾选（包括使用最高渲染质量、使用预览、导入到项目中、设置开始时间等）、时间插值（包括帧采样、帧混合、光流法）等。

导出视频，常见的格式包括 AVI、MPEG、MOV 等。AVI 为音频视频交错格式，压缩率高，但画面质量受损，应用非常广泛，可实现多平台兼容；MPEG 是运动图像压缩算法的国际标准，有一定的压缩性，并保持一定的质量，VCD、DVD 和 MP3 是其主要保存媒介；MOV，即 QuickTime 影片格式，是 Apple 公司开发的一种音频、视频文件格式，用于存储常用数字媒体类型，声画质量高，效果好，但跨平台性较差。一般导出格式以 MPEG 为主，具有一定的压缩率，也有一定的效果，当然，不同的格式可以通过软件或硬件进行转换。

双击"输出名称"，修改视频名称，并选择存储位置，若是最后的成果稿，可以选择"使用最高渲染质量"，"时间插值"选择"帧采样"，然后点击导出，将其输出为一个完整的视频文件。

参 考 文 献

[1] 钱立敏，高素梅，张荣新.计算机辅助设计与应用.北京：清华大学出版社，2006.
[2] 徐峰，曲梅，丛磊.AutoCAD 辅助园林制图.北京：化学工业出版社，2006.
[3] 陈瑜.园林计算机制图.北京：高等教育出版社，2006.
[4] 吴福明，沈守云，万翠蓉.计算机辅助园林平面效果设计及工程制图.北京：中国林业出版社，2007.
[5] 陈志民.AutoCAD 2009 中文版从入门到精通.北京：机械工业出版社，2009.
[6] 李峰，王珂，陈志浩.Photoshop CS3 建筑效果图后期处理.北京：电子工业出版社，2007.
[7] 陈志宏，姬晓慧.Photoshop CS4 从入门到精通.北京：人民邮电出版社，2009.
[8] 杨航，罗礼，李宏利.LUMION 2 建筑·规划·景观·实践项目详解.天津：天津大学出版社.
[9] 唯美世界.Premiere Pro CC 从入门到精通.北京：水利水电出版社，2019.